Home Baking!

麵粉有夠好玩！
甜蜜蜜 の 烘焙好食光

好玩 × 好學 × 好吃！
32 道簡單易作 & 每天都想吃的美味甜點

Content

Tony 老師的
甜點教室

粒子的

點心遊戲

小朋友的麵粉遊戲

by Tony 老師

因為自己很喜愛烘焙，於是很樂於嘗試及研究各樣甜點的製作。
現在有了甜點教室，終於可以將多年的實作經驗分享給同樣喜
愛甜點烘焙的同學，教學相長，我自己也收穫許多。對於甜點
製作，有幾個小提醒，也是我自己學習烘焙上的心得，經常在
上課時提醒同學的小撇步。

每回製作甜點時，別忘了——
1. 記得務必詳細閱讀配方和步驟。
2. 記得作者給予的提醒和注意事項。
3. 將所有的材料精確秤量完備。
4. 自己動手作筆記。

記得這四個小祕訣，比較容易避免莫名其妙的失敗。製作甜點
時也會逐漸找到竅門，一次比一次更進步。

by 粒子

如果不是因為有了小孩，我大概一生都不會踏入手作點心的世界……沒錯！就算要我這麼絕對地講也不成問題。「坊間有這麼多厲害的甜點師傅、這麼多好吃的麵包點心，價格便宜又美味，幹嘛要自己動手作呢？」以前的我肯定是這樣想。

心心出生之後，因為很喜歡吃點心，我開始留意市面上點心使用的原料。人造奶油、含鋁泡打粉、大量的糖、不知名的氫化油、香精，這些我以前自己食用也不太在意的名詞，突然之間，因為要放進小孩的肚子裡，讓我開始想要弄清楚它們到底是誰。

原來天然發酵奶油的價格並不便宜、合成香精和天然香味完全不同、植物奶油和動物性鮮奶油的風味是兩個世界、漂亮的糖霜色彩全是色素、蛋糕上亮晶晶的果膠充滿了防腐劑。雖然沒辦法完全不讓孩子食用，但若可以，我希望讓她經常吃得到天然手工的點心，習慣了自然味道的味蕾，以後可以好好分辨食物真正的滋味。

心心的料理筆記

心心很喜歡作點心相關的卡通和繪本。一旦發現就會拿給我看看是不是可以買回家，回家看了之後一定會跟我說：「這個很簡單，下次一起作好不好？」這篇圖畫是她正看著作點心的卡通，一邊趕快拿彩色筆，記下來的筆記，圖畫上出現的有各種水果、雞蛋……接著，鍋子代表的是麵粉、小罐子代表的是砂糖、大鍋子代表的則是要請大人拿去煮一煮，連我看了筆記都忍不住佩服。

自家烘焙的 安 心 食 材

並不是只有昂貴的食材才是最好的選擇。

我覺得選擇食材和交朋友的過程很像。有些食材的昂貴是因為取得不易,並不是滋味多麼美好。就像有些人因為天生的環境讓人覺得高不可攀,但是他適不適合自己可說不定。

食材也是如此,除了要適合自己的口味,更重要的是天然、誠意的製作過程。不添加不必要的多餘,少了故作姿態的繁複,才能保有最真實的滋味。

這裡提及的都是粒子和 Tony 老師經常使用的材料,有些取得容易,也有些花了點心思尋來、不一定是昂貴的,卻是我們操作起來較有心得的。
當然,也可以自己嘗試別的品牌,找出食材的特性,別忘了點心、
遊戲的初衷。

日 本 麵 粉
（霓虹高筋麵粉、紫蘿蘭低筋麵粉）

日本粉的吸水力高,相對來說製成的麵包水潤飽滿、紮實好吃。如果不小心添加水分時超出了一點、成品也不容易軟糊失敗。雖然日本粉價格高出一些、但相對來說麵團較好操作、容易成功,新手也能創造讓人驚艷的口感滋味。

米 穀 粉

可以單獨使用製作米點心,也可以和麵粉混用,嘗試鬆餅、麵包的不同口感。尤其對於小麥成份敏感的小朋友來說,米穀粉可以作為點心另一個選擇。

法 國 伊 斯 妮 天 然 發 酵 奶 油

單純抹上一層就可以讓平凡吐司瞬間擁有高級滋味的神奇奶油,天然發酵的油滑酸香堪稱是手作點心裡的靈魂骨幹。只要嚐過天然發酵奶油就很難再甘心回歸其他的選擇。

海 鹽

烘焙用的海鹽除了撒在表面的,多半還是要選擇顆粒細一些的,否則很容易咬到一整塊鹽巴,大失情趣。但如果是表面裝飾或提味的,倒是可以選擇玫瑰鹽或岩鹽,增添特別風味。

無
鋁泡打粉

傳統的泡打粉因為含有鋁，對身體有不好的影響。尤其是鬆餅、司康，這類快速點心，使用泡打粉的含量更高，影響當然也更大。這裡使用的是美國品牌，烘焙成品的氣孔比較平均，我曾經試過幾個烘焙店的本土牌子，烘焙後的膨脹大小落差很大，估計是膨脹力控制不均勻造成。泡打粉的使用比例每家品牌略有差別，記得多試幾次，找出比例。

酒
類

我很喜歡趁著磅蛋糕成品帶有溫度的時候，薄薄刷上一層酒。除了提味，主要是置放一兩天之後，蛋糕會因為酒的作用變得滋味豐厚，十分具有魅力。柑橘類的點心搭上橙酒，加入葡萄乾的點心使用萊姆酒。帶有咖啡香氣的點心稍微使用咖啡酒提味。其他還有些淡味水果酒，也很適合與果香甜點一起使用。

米
歇爾‧柯茲可可粉 & 鈕釦巧克力

好的可可簡直是巧克力點心的靈魂。如果說許多人對於巧克力甜膩的印象十分慘烈，就像有人覺得咖啡就是苦藥一樣，我總覺得那是因為沒有嚐到好的咖啡與可可。好的可可醇美豐腴，滋味微苦回甘，作成點心也能保有濃厚的香氣，絕對讓人沈迷。不同品牌的可可滋味大相逕庭，偶爾換個品牌，也能讓點心呈現新的風味。

葡
萄籽油

除了橄欖油，這裡需要炒香或者使用液態油的時候，經常使用葡萄籽油。作為液態油使用，比起橄欖油較不會有過於明顯的油味、質地輕盈，製作蛋糕或者炒糖時，都很合適。另外，如果選擇的是橄欖油，務必看一下是否為烘焙專用，冷壓初榨橄欖油不耐高溫，比較適合涼拌或者輕度拌炒使用，烘焙點心時溫度經常突破200℃高溫，反而有害。

松
露醬

滋味濃郁的松露醬可以作為披薩的底醬，也可以製作松露麵包，或者添加在義大利麵裡使用。除此之外，和任何菇類尤其與蘑菇拌炒、焙烤，滋味鮮美，當作前菜享用也十分開胃。

番
茄罐頭

這款無特殊調味番茄丁罐很好用，除了作點心、披薩，也經常被我拿來作為義大利麵的快手醬汁，甚至還運用來作過番茄麵疙瘩，非常方便。

寫在前面

我承認自己是個貪吃的人。

貪吃、愛吃、卻不喜歡華麗的多餘裝飾。

由衷喜愛並肯定吃得出真實心意的料理。

當然，如果撞見手上功夫厲害的老師級好友，

在好吃好玩的生活旅途裡、

乘著烤箱裡滿溢出來的甜蜜氣息，

飄蕩過一陣又一陣起伏跌宕的山高水低，

在往後的日子裡，緊緊抓著記憶裡的香氣線索，

總能重新找到幸福的園地。

這本書的開始就是一場分享趣味遊戲的心意。

一點兒也不困難，

畢竟心頭喜歡的滋味，沒有人會比自己更清晰。

Tony老師的
甜點教室

トニー先生のお菓子教室

トニー先生のお菓子教室

蘭姆葡萄司康

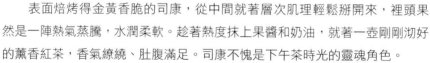

表面焙烤得金黃香脆的司康，從中間就著層次肌理輕鬆掰開來，裡頭果然是一陣熱氣蒸騰，水潤柔軟。趁著熱度抹上果醬和奶油，就著一壺剛剛沏好的薰香紅茶，香氣繚繞、肚腹滿足。司康不愧是下午茶時光的靈魂角色。

我喜歡的司康口感介於麵包餅乾的交界點，外衣鬆脆內裡柔軟，男生、女生、大人、孩子、都不能抗拒這道隨和點心的魅力。既可以隨著配方變換著鹹甜口味，也可以隨喜好加入堅果、果乾或者焙得香脆的培根碎。就連作法也都輕鬆簡便、不易失敗。圓形也好、三角形也好，麵團成型時也像是黏土遊戲一樣的有趣，是非常適合跟小朋友一起玩耍的快速麵包。

一會兒工夫就完成了！明天，剛好可以來一場下午茶會。

準備工作

• 烤箱預熱。
• 牛奶 20 至 30g 和白砂糖 10g 混合均勻作為表面刷液用。

材料

A ┌ 高筋麵粉……160g
  │ 低筋麵粉……160g
  └ 無鋁泡打粉……8g

B ┌ 室溫奶油……100g
  └ 白砂糖……50g

C ┌ 牛奶……160g
  └ 酒漬葡萄乾……100g

表面用 ┌ 牛奶……20 至 30g
      └ 砂糖……10g

作法

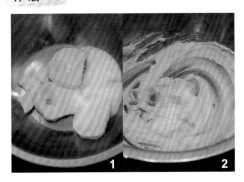

1. 材料 A 的粉類全部混合過篩。
2. 奶油放至常溫回軟，材料 B 放入攪拌盆中以手搓揉，混合均勻。

3. 將 A 加入 B，以雙手混合搓拌直到材料呈現鬆散的酥波蘿狀。混合時可以手掌稍微揉搓，直到粉類與奶油混合均勻為止。
4. 最後呈現鬆散的酥菠蘿狀。

5. 將材料 C 加入步驟 3，以雙手將麵團混合成團。
6. 在工作檯上撒些高筋麵粉（手粉），再將麵團以手或擀麵棍稍微壓平，厚度約為 2cm。

7. 取 直 徑 4cm 的 圓 模（ 模 型 型 號：SN 3231），將圓模先沾手粉、敲掉多餘手粉後按壓出圓形麵團，放置於烤盤中。

8. 將準備好的刷液在麵團表面刷上薄薄一層奶糖液。（可以待表面變乾之後再刷上第 2 次）

9. 烤箱以 240℃預熱，以上火 240℃下火 150℃烤約 10 分鐘，將烤盤轉方向後續烤 5 分鐘。至表面呈現金黃色即可出爐（烤箱溫度請依家中烤箱稍作調整），放置烤盤架冷卻。

變化款 番茄司康

　　第一次吃到 Tony 老師的番茄司康，心裡真的噗通了一下，難得的心動了起來。雖然鹹口味的司康在外頭也能吃到，不過 Tony 老師的番茄司康充滿了香料的氣息，烘烤的時候整個家裡香氣蒸騰、讓人心花怒放，就連小孩都會忍不住問了又問：「烤好了嗎、烤好了嗎？我可不可以一次吃 3 個！」是連不喜歡番茄的小朋友們也會愛上的美妙滋味。只要使用進口的番茄罐頭就可以簡單製作，加入喜歡的義大利香料就極具風味、操作起來非常方便，請一定要跟孩子一起試試看。

材料

A ┌ 高筋麵粉……200g
  │ 低筋麵粉……200g
  └ 無鋁泡打粉……10g

B ┌ 室溫奶油……100g
  │ 白砂糖……30g
  │ 海鹽……3g
  └ 義大利香料……2g

C – 慕堤番茄丁罐頭……210g ／罐

作法

1. 將材料 A 粉類過篩。
2. 將材料 B 以雙手拌勻。
3. 將步驟 2 加入 1 的材料以雙手輕輕搓拌成酥菠蘿狀。
4. 加入材料 C 慢慢混合成團。
5. 工作檯上撒些高筋麵粉（手粉），再將麵團以手或擀麵棍稍微壓平，厚度約為 2cm。
6. 取直徑 4cm 的圓模按壓出圓形麵團，放置於烤盤中。
7. 烤箱以 240℃預熱，以上火 240℃，下火 150℃烤約 10 分鐘，將烤盤轉方向後續烤 5 分鐘。至表面呈現金黃色即可出爐。（烤箱溫度請依家中烤箱稍作調整）。

回家實作

一回到家，小孩立刻說要作番茄司康，請幼兒園的同學享用，
於是我們一起作了可愛的迷你版。

抹茶雪球

　　小時候我經常夢見自己置身一個大雪紛飛的國度。被白雪掩蓋的森林裡有許多可愛的動物們正在好好休息、等待著春天的到來。因為這個原因我著迷許多和冬季、下雪有關的繪本。其中《松鼠先生和第一場雪》（作者：瑟巴斯帝安 · 麥什莫澤，青林國際出版）就是很可愛的作品。

　　從來沒有看過雪的松鼠先生和大熊約好一起等待第一場雪，為了避免睡著，他們只好一起唱歌、運動、作遊戲，到處尋找下雪的蹤跡。但是，到底雪長得甚麼樣子呢？冰冰的、鬆鬆軟軟的、很多很多的……終於等到的第一片雪花、原來溫暖又感動、一點都不寒冷。

　　雪球餅乾是我心中非常適合冬天享用的點心，吃的時候撒上白色的糖粉，紛飛的白色粉霧浪漫又甜蜜，彷彿置身下雪的夢境。

材料

A [室溫奶油……150g
糖粉……60g]

B [低筋麵粉……160g
抹茶粉……20g]

C [杏仁粉……50g
杏仁角……30g]

作法

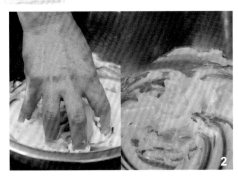

1. 杏仁角以 120℃至 150℃烤至金黃色冷卻備用，材料 A 中的糖粉過篩備用。

2. 奶油放入攪拌盆中以手搓揉混合均勻至鬆軟柔滑。

3. 加入過篩糖粉與奶油混合均勻。

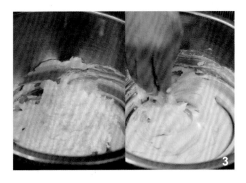

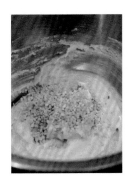

4. 將 C 杏仁粉加入步驟 2 混合均勻後，再加入杏仁角混合均勻。

5. 材料 B 過篩兩次加入步驟 3 混合均勻,將麵團包上保鮮膜後冷藏一夜(至少 4 小時以上)。

6. 從冰箱取出麵團,以雙手手掌將麵團稍作回溫。

7. 麵團成形後以切割版分割成每粒約 8 至 10g。

8. 以雙手搓成小小的圓球。

9. 將小圓球均勻放置於烤盤上。以溫度上／下火 170℃ ／ 150℃ 烤 10 分鐘,調轉烤盤再續烤 8 至 10 分鐘。

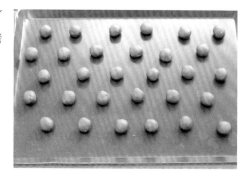

10. 出爐後將餅乾放置於烤盤上冷卻。

11. 冷卻後放進密封罐子裡保存，要品嚐之前，請小朋友撒上白色的雪花糖粉。

變款 化 粉紅雪球

將配方中的抹茶粉改為紅麴粉 7 至 10g，就成為顏色美麗、風味獨特的粉紅色雪球。

抹茶戚風蛋糕

　　充滿大人風味的濃厚抹茶戚風，跟孩子一起享用總讓我感覺很有魅力。

　　雖然小朋友不能喝太多咖啡因，但小小的心靈應該也很想品嚐一下大人世界的成熟滋味吧！一直到現在我都清晰記得第一次喝到抹茶牛奶的心情，苦澀裡傳來的陣陣甘美芳香，即使是喝茶長大的自己也被深深震撼。之後在京都與美味的抹茶相遇，奢侈的拿一保堂的抹茶粉來作甜點。之後，每次嚐到抹茶甜點，莫名的總是讓我想起關於京都的種種回憶。

　　這裡的配方是以燙麵的方式製作，完成的戚風體紮實飽滿、水潤綿密，和一般的作法口感大有差別、冰涼之後再享用，特別受到小朋友歡迎。

準備工作

- 直徑 15cm 中空模 ×2pcs
- 雞蛋以每顆 60g 計（室溫）
- 烤箱預熱上下火 170℃至 180℃／ 150℃至 160℃

材料

A – 生飲水……100g
B – 橄欖油……50g
C – 蛋黃……6pcs
D ┌ 砂糖……20g
　└ 海鹽……1g
E – 低筋麵粉……130g

F ┌ 抹茶粉……15g
　└ 生飲水……30g
G – 蛋白……6pcs
H ┌ 砂糖……100g
　└ 玉米粉……10g

作法

A：蛋黃麵糊

1. 將 A（開水）加熱沸騰後＋ B（橄欖油）。
2. 加入 D 砂糖及 2 至 3 粒 C（蛋黃）以打蛋器迅速攪均勻。

3. 將過篩 E 麵粉加入步驟 2 內攪拌混合均勻。
4. 並將剩餘 C 的蛋黃一邊加入一邊攪拌至無粉粒狀。

5. 將 F（抹茶、水）調勻、加入步驟 4 攪拌均勻。
6. 蓋上濕布保濕，麵糊才不會乾燥。

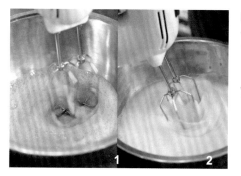

B：蛋白霜部分（確認蛋白及器具無油分）

1. 材料 G 蛋白加入少許糖，先以攪拌器打發後加入 ⅓ 材料 H 後繼續打發動作。

2. 在步驟 1 蛋白變硬時，再加 ⅓ 材料 H 並持續打發。

3. 反覆步驟 2 之動作至將剩餘的材料 H 持續加入打至濕性發泡。

4. 將鋼盆倒轉蛋白霜也不會流動的程度。

A： 蛋黃麵糊＋ B 蛋白霜混合

1. 先取 ⅓ 蛋白霜加入 A 蛋黃麵糊中均勻混合。

2. 避免麵糊消泡的混合技法：將步驟 1 加入剩餘蛋白霜內，刮刀由下往上，由邊緣一直擦著模型底部再往上提起，接著再從邊緣擦著底部的混合方式，輕柔地將麵糊混合均勻。動作儘量輕柔迅速，小心消泡。

特別叮嚀

橡皮刮刀須以圓弧面擦著鋼盆，不要使用直線那一側。手握鋼盆，刮刀圓弧面以 12 點鐘朝 6 點鐘方向擦著鋼盆底部往上提起，順時鐘方向旋轉鋼盆，一刀接著一刀，由盆側往底部提起，動作輕柔快速，就能避免消泡。

3. 以刮刀勺起時會輕滴落之程度（麵糊呈有光澤感），即可裝模烘焙。

烘烤（請依家中烤箱溫度調整）

烤箱預熱上火 180℃／下火 180℃。

以上火 170℃／下火 160℃烘烤 20 分鐘後調轉烤盤方向，再以上火 170℃／下火 160℃烘烤 10 至 15 分鐘。（以長竹籤插入若無沾黏麵糊即可出爐）

4. 出爐後在桌上立即輕敲模型底部，翻面放置幫助散熱。

5. 稍微降溫後，從模型邊緣以手指輕輕撥開，翻面取出。

巧克力牛奶布丁

　　小時候我非常喜歡吃布丁，有一陣子經常蒐集玻璃杯拿來當作布丁的容器，在夏天裡一邊流汗一邊盯著爐子上熱融融的布丁液，然後花一整個下午等待它在冰箱的努力下成為透心涼的布丁，即使有時失敗的成品糊成一團，記憶裡仍然甜蜜。以真正鮮奶製作的布丁，沒有任何多餘添加，鮮滑柔嫩，再加入好品質的可可豆熬煮，就成為小朋友最喜歡的巧克力牛奶布丁。

材料

牛奶……420g

砂糖……20g

吉利丁……10g

生飲水……約50g

米歇爾柯茲72%鈕釦巧克力……100g

作法

1. 先將吉利丁與生飲水混合均勻，放入冰箱約30分鐘（浸泡30分鐘可以幫助吉利丁均勻膨脹）。

2. 鋼盆中倒入牛奶，加入砂糖，煮至沸騰後離火。

3. 加入預先溶解的吉利丁，拌勻。

4. 加入鈕釦巧克力繼續拌勻，一邊使用耐熱橡皮刮刀輕輕攪拌（注意不可使用打蛋器以免打入過多空氣），直到完全溶解均勻。

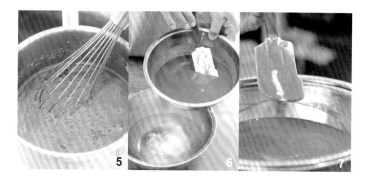

5. 將煮好的巧克力液以濾網過濾一次，除去多餘的浮沫。

6. 準備一大鋼盆的冰水，隔著冰水讓布丁液慢慢降溫。

7. 冷卻約至 45℃至 50℃的巧克力液會呈現濃稠感。

8. 倒入乾淨的玻璃容器於室溫冷卻。

9. 放入冰箱冰鎮至少大半天之後，擠上鮮奶油即可享用。

Tony 老師的
甜點教室

燕麥蔓越莓餅乾

　　小朋友最喜歡和健康食材躲貓貓了！燕麥、雜糧、胡蘿蔔、水果……可以的話我還真想通通揉進點心，讓他們一口氣吞進肚子裡。奶油、黑糖、雞蛋、麵粉，這些基本成員固定之後，每次製作再變換一些不同的堅果或是天然果乾，放進烤箱裡，原來不喜歡的食材就像撒上了厲害的魔法金粉，味道好得不得了！

　　製作餅乾因為步驟簡單、稍不留意也不易失敗。小朋友可以參與的地方很多，攪拌、秤重、滾圓、沾粉壓平，就像捏黏土一樣，孩子們玩起來都好開心。

材料

A ┌ 室溫奶油……150g
  └ 紅糖……60g

B - 全蛋液……75g

C - 即食燕麥片……80g

D - 蔓越莓乾……80g

E ┌ 低筋麵粉……170g
  └ 無鋁泡打粉……3g

作法

1. 將材料 A 置於鋼盆內攪拌均勻，至奶油呈現淡乳霜狀。

2. 將材料 B 分次加入步驟 1，分次攪拌均勻。蛋液打散後分 3 至 4 次加入，每次需待蛋液完全混合乳化後，才可再加入剩餘蛋液混合。

3. 將材料 C 與 D 加入步驟 2 內拌勻。

4. 將材料 E 過篩後加入步驟 3 內攪拌均勻至無粉粒，且麵團呈光滑狀態。

5. 將步驟 4 放至冰箱冷藏一晚（至少 4 小時）。

6. 麵團以手掌回溫整理成長條狀，均分為每片
　　約 8g（也可以使用湯匙或冰淇淋杓）。

7. 將麵團滾成小圓球（每個約 8g），放置
　　烤盤上，每片之間隔距離約 1cm 左右，
　　輕輕壓扁成片狀。

8. 放入烤箱以上火 170℃／下火 150℃烘烤約 10 分鐘，調轉烤
　　盤方向再續烤 5 至 8 分鐘。

9. 出爐後，與烤盤一起置於冷卻架冷卻，然後放進密封罐保存。

莫扎瑞拉乳酪玉米麵包

比起可以快速製作的點心，麵包是可以依照自己節奏經營的慢成品。雖然等待的時間比較長，但每一次看見麵團長大，都有難言的滿足感，如果和小孩一起作，不需要嚴格規定作法，小小手掌摸到麵團的一刻，就會產生溫柔對待的心情。剩下的，就交給時間的魔法吧！

越是細心等待，麵包就越是有美好自然的滋味。而且隨著季節和發酵方式不同，一樣配方也能有微妙差異。於是，心裡急躁、腦內一團亂的時候，我喜歡作麵包。緩緩的等待，慢慢的熟成，經過了時間醞釀，滋味豐富增長、心頭也逐現清明。

這裡的配方可以製作多款不同風味變化的麵包，示範的是玉米乳酪和松露麵包，兩款在甜點屋都大有人氣。

材料

A
- 高筋麵粉……500g
- 海鹽……9g
- 砂糖……30g
- 乾酵母……8g

B – 牛奶＋冰塊……總重約 340 至 345g

C – 奶油……30g，表面切口處另計

D – 新鮮玉米粒……70 至 75g

E – 莫扎瑞拉乳酪切丁或松露醬與乳酪丁……各 50g

準備工作

• 烤箱底層放入麥飯石，預熱 200℃至 220℃

• 吐司模或長條紙模 2 個

作法

1. 將材料 A 全部的乾性材料放置於攪拌鋼盆內。

2. 加入材料 B 的牛奶與冰塊拌成團狀。

3. 加入奶油繼續攪拌，攪打至麵團出現筋度，雙手拉開麵團呈現薄膜。（麵團溫度約 25℃）。

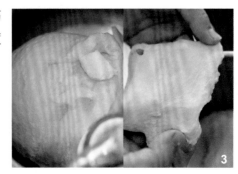

4. 將麵團放進鋼盆,蓋上濕布或蓋子,在室溫下進行第一次發酵。

5. 約40分鐘,翻面繼續發酵10至15分鐘。

6. 發酵完成的麵團,手指沾取高筋麵粉(手粉)後輕輕刺入、可至麵團底部。將麵團稍微擠壓排氣,分割成6個等分。

7. 將麵團滾圓、收口朝下,蓋上帆布,讓麵團休息10至15分鐘。

8. 將圓形麵團擀成長橢圓形、鋪上玉米與起司丁。

9. 從麵團的外側朝內側捲起。

10. 捲好的麵團收口朝下,在吐司模型內並排放入 2 捲。麵團間隔處放上約 5g 奶油。

11. 最後發酵 30 至 45 分鐘,至麵團約 2 倍大。

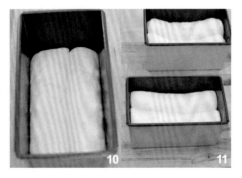

12. 放入預熱好的烤箱烘烤。
   進爐之前朝烤箱內預熱好的麥飯石噴水、上下火約 200℃,烘烤 15 分鐘後將烤盤換個方向,再烤 15 分鐘。(視自家烤箱烤溫狀況調整)

13. 出爐之後快速脫模,放置架上冷卻。

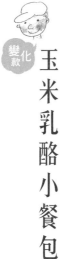

變化款 玉米乳酪小餐包

比起吐司，小朋友似乎更喜歡小餐包。可能小巧體積讓小孩有獨自享用的特別感覺，明明是相同口味，作成小餐包總是可以很快速就被消滅，帶去生日派對也非常受到歡迎喔！

依照一樣的基礎麵團製作方法，也可以替換自己喜歡的內餡口味。
在步驟 7 分割麵團休息完成之後，作法如下：

8. 將充分休息的圓形麵團壓平。

9. 包進玉米乳酪丁，慢慢將麵團收口捏緊。

10. 將包好內餡的小麵團在烤盤上排列整齊。收口朝下、稍微壓扁讓收口不易散開。

11. 也可以放入圓形紙模烘烤，完成品會更可愛。

12. 以廚房用剪刀作出十字形開口。

13. 預熱 200℃ 的烤箱烘烤約 15 分鐘。出爐之後趁熱抹上薄薄一層奶油。

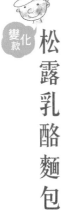

變款化 松露乳酪麵包

喜歡濃厚的松露風味，可以試試松露醬與起司的組合，滋味華麗，也很適合家庭派對時享用。

8. 麵團擀成長橢圓形，抹上松露醬、撒上起司丁。由外側往內輕輕捲起。收口朝下、放入紙模。

※ 步驟 1 至 7 請參考 P.31 至 P.32

藍莓杯子蛋糕

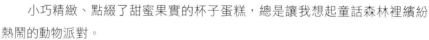

　　小巧精緻、點綴了甜蜜果實的杯子蛋糕，總是讓我想起童話森林裡繽紛熱鬧的動物派對。

　　明朗的天氣裡、穿過樹蔭透出來的柔和陽光，讓整個森林顯得亮晃晃的，鋪好了乾淨柔軟的野餐布，上頭擺滿了動物們準備的好吃點心，披薩、麵包、果醬、還有春天就已經開始醞釀的玫瑰露，其中最受歡迎的果然是大熊媽媽親手做的杯子小蛋糕。

　　小動物們鼓起胖胖可愛的腮幫子，雙手捧著小蛋糕，準備一大口吞進肚子裡的表情，這正是家裡頭的小朋友們面對杯子蛋糕的熱烈模樣。大熊媽媽傳授的藍莓杯子蛋糕食譜，請一定要試試看喔！

準備工作

- 紙杯（直徑 5×5cm ／約 7 至 8pcs）
- 雞蛋以每顆 60g 計（室溫）
- 烤箱預熱上火、下火：200℃／170℃.

材料

A ┌ 室溫奶油……100g
  │ 砂糖……85g
  └ 海鹽……1g

B – 全蛋……100g（2 顆）

C ┌ 低筋麵粉……100g
  └ 泡打粉……3g

D – 杏仁粉……20g

E – 冷凍藍莓……50g

表面用 ┌ 室溫奶油……200g
      └ 糖粉……50 至 100g

作法

1. 將材料 A 的奶油攪拌至柔滑狀，再將材料 A 剩餘之材料全部加入，繼續攪拌至泛白乳霜狀。

2. 將材料 B 全蛋液分 5 次平均加入步驟 1 攪拌均勻，每一次加蛋液時，均需攪拌至完全乳化狀之後，才可以再加下一次的蛋液。

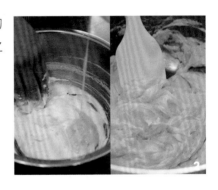

3. 將材料 C 麵粉、泡打粉過篩後，與 D 杏仁粉，一起加入步驟 2，以刮刀混合均勻至呈光滑無粉粒的麵糊。

4. 加入藍莓至步驟 3，輕輕攪拌均勻。

5. 以湯匙或擠花袋將麵糊灌入紙杯後，輕敲杯底，使表面平滑，排列於烤盤上。

擠花嘴使用技巧

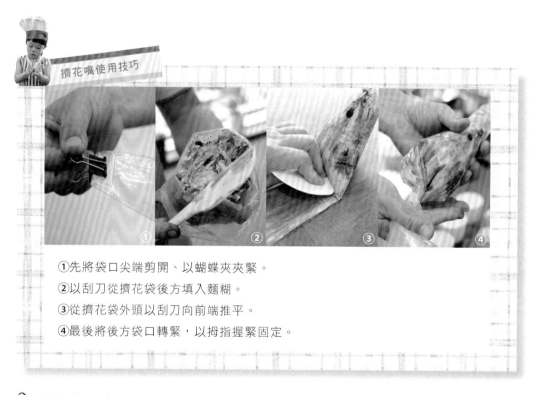

①先將袋口尖端剪開、以蝴蝶夾夾緊。

②以刮刀從擠花袋後方填入麵糊。

③從擠花袋外頭以刮刀向前端推平。

④最後將後方袋口轉緊，以拇指握緊固定。

6. 以上火 180℃／下火 150℃ 烘焙約 15 分鐘後，表面若有著色，再以上火 160℃／下火 150℃ 烘烤約 5 至 10 分鐘，以竹籤插入蛋糕正中央，看有無沾黏麵糊，若有則降溫，以上火 100℃／下火 100℃再燜數分鐘。

7. 出爐後將蛋糕放置冷却架冷却，以小刀沿著圓弧形斜斜挖出一個錐形凹槽。

8. 先將奶油霜材料放入盆內，以打蛋器攪拌成乳霜狀後，依個人喜好裝飾。
這裡示範的方法：填入奶油霜後，將錐形蛋糕體放上。（錐形尖端朝上方）

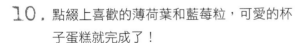

9. 沿著立體錐形蛋糕，以奶油霜繞圈裝飾。

10. 點綴上喜歡的薄荷葉和藍莓粒，可愛的杯子蛋糕就完成了！

即使奶油霜擠得唏哩嘩啦的不成形狀，但只要是親自完成的，滋味一定非常棒！

布丁麵包

　　提到家常風味甜點，我經常想到布丁麵包這道簡單美味的點心。每次一嚐到就忍不住想起架著眼鏡、穿著圍裙的老奶奶，笑咪咪地戴著手套、捧著熱呼呼的烤布丁出場的畫面。

　　就像卡通《魔女宅急便》裡特別烤魚送去孫女派對的老奶奶，如果請魔女送去的是剛出爐的布丁麵包，一定會比烤魚受歡迎多了，我每回重溫故事都會忍不住這麼想。以鮮奶和鮮奶油調製濃郁香滑的布丁液，拌入發酵奶油的香脆吐司丁與蘋果丁，再添加點萊姆酒，充滿家庭風味的烤布丁麵包就出爐了！小朋友也能幫忙切吐司、炒蘋果，製作過程熱鬧好玩，特別適合家庭小派對享用。

材料

A ┌ 鮮奶……500g
　│ 鮮奶油……100g
　└ 砂糖……40g

B ┌ 雞蛋……6 粒
　└ 砂糖……40g

C ┌ 吐司丁……170g
　└ 融化奶油……50g

D – 萊姆酒……10g

E ┌ 炒蘋果丁……2 粒
　│ 砂糖……10g
　│ 奶油……10g
　│ 酒漬葡萄乾……20g
　└ 萊姆酒……10g

作法

1. 將材料 C 吐司切成 1.5×1.5cm 小方丁，放入上火 170℃／下火 200℃的烤箱，烘烤約 10 至 15 分鐘呈金黃色。倒入鋼盆，加入融化奶油，拌勻備用。

2. 材料 C 蘋果去皮、去芯之後切成約 0.5×0.5cm 小丁。平底鍋預熱後轉為小火，加入奶油與砂糖拌炒，接著加入奶油與蘋果丁拌炒至熟透，再加入酒漬葡萄乾。最後加入萊姆酒拌炒一會兒，至酒精揮發即可，冷卻備用。

3. 將材料 A 煮至沸騰，降溫至 80℃備用。材料 B 的雞蛋以打蛋器打散，加入砂糖繼續攪拌至融化。

4. 將已經降溫的材料 A 加入步驟 3 的蛋液中攪拌均勻。

5. 拌入增添香氣的萊姆酒,然後以濾網
   過濾一次。

6. 將材料 C 奶油吐司丁與材料 E 蘋果丁
   等拌合均勻。

7. 將步驟 5 的布丁液倒入步驟 6 的蘋果丁與吐司丁,稍作浸泡。如果喜歡香脆口感可以預留一些吐司丁,最後撒至表面。

8. 放入準備好的烤皿,鋪平材料。在烤盤裡倒入熱水,約至模型 ½ 高度,放入預熱上火 170℃／下火 160℃ 烤箱蒸烤 25 分鐘,再以上火 150℃／下火 150℃ 烘烤 10 至 15 分鐘。(烤箱溫度需視家中烤箱狀態調整,烘烤過程中若水量太少,需補充熱水。

別忘了穿上可愛的圍裙!

本來還在玩耍,一旦穿上了圍裙,就有了想要認真對待的心情。作點心的時候,記得準備一件小朋友的專屬圍裙,工作時一定會更賣力。(製作方法詳見 P.65)

甜蜜蜜的手工果醬2款 ── 綜合莓果醬

　　不知道是不是看多了童話故事，對於熬煮果醬這件事，總是讓我有一股浪漫的聯想。站在大鍋子前繫著圍裙、手上拿著一只厚實大木杓，仔仔細細翻攪著濃稠甜美的果醬。熱氣蒸騰的水果香氣裡，添加了老奶奶神秘的魔法原料，牢牢的保存四季果實的甜美鮮香。

　　小時候爸爸經常買果醬讓我配著麵包吃。但經常是我打開了果醬瓶就著急著撈了湯匙一大口的放進嘴裡。膠狀的果醬就著溫度慢慢化開來，又甜又香的水果味就這樣滿滿的暈染在回憶格子裡。大了之後不喜歡甜膩，很少吃果醬，但對於果醬的回憶卻一直放在心裡。可以想像著自己有一天也變成了畫面裡的老奶奶，穿著圍裙煮果醬，其實也是很幸福的事。

　　融合各種莓果的甘美甜蜜，堪稱果醬界人氣王的綜合莓果醬，搭配點心和緩甜膩，也可當作製作麵包的材料，搭配果香系紅茶一起品嚐，則可以體驗俄羅斯紅茶的經典風情。

材料

綜合莓果……250 至 300g

白砂糖 100g ＋海藻糖 50g

※ 糖的比例約占水果的 50% 較好保存
如果減糖則需縮短保存時間。

蘋果……1 顆，磨成泥狀

紅酒……50g

香草豆莢……1 至 2 只

經煮沸消毒、完全乾燥的空玻
璃瓶

作法

1. 綜合莓果與糖浸漬一晚備用。

2. 步驟 1 加入蘋果泥與紅酒一起以中小火慢慢熬煮。

3. 切開香草豆莢，加入香草籽，一邊熬煮，一邊以木杓撈掉多餘的浮沫。

4. 慢慢熬煮收乾水分至濃稠狀。

5. 趁熱裝入消毒後完全乾燥的玻璃瓶，轉緊蓋子後立即倒扣。

6. 自然消毒法裝罐的果醬，約可保存 1 個月，開罐後需冷藏，儘量在 2 週內食用完畢。

特別叮嚀

在糖類使用上，可以 10 至 15% 蜂蜜或麥芽糖取代白砂糖。

（添加蜂蜜、麥芽糖等時，可預防砂糖再結晶現象產生）

甜蜜蜜的手工果醬2款 —焦糖牛奶醬

　　雖然沒有嗜甜的習慣，對於點心也只偏好紮實而不甜膩的品項。不過焦糖卻意外地讓我很是喜愛。年紀愈大愈是著迷焦糖的滋味，甜蜜中的焦香總讓我懷想起生活裡苦澀時還能有點兒甜蜜的盼望。沒有經過烈火熬煉，又怎麼會有焦糖一般層層疊疊、豐厚甘美的香氣。

　　經過烈火熬煉的糖漿，顏色由白轉黃、隨著溫度提升慢慢變成美麗的金黃。迷人的焦香氣在高溫裡熱烈釋放。這時候起鍋，焦糖漿可以加入咖啡裡提味或者作為布丁淋醬。加入鮮奶油繼續熬製成的焦糖牛奶抹醬，擁有太妃糖般的迷人香氣，裝罐後冷藏可以較長時間存放，塗抹麵包很棒，搭配咖啡更是有滋味！

材料

糖……500g

奶油……90g

鮮奶油……250g（先加熱至約80℃）

水……100 至 150g

海鹽……3g

煮沸消毒的玻璃空瓶

作法

1. 水和糖放入鍋內煮沸至焦化狀態（不可以攪拌）。糖漿起泡後轉為中小火。

2. 焦化時在 150℃不變色，160℃至 165℃呈黃色，170℃呈棕褐色。注意開始變色時立即轉小火、熬煮至泡沫細緻。（補充：也可以加入少許麥芽糖，防止糖的再結晶。）

3. 加入奶油攪拌均勻。

4. 將溫熱鮮奶油分次加入，攪拌均勻。再加入海鹽。

5. 將步驟 4 煮好的焦糖醬過濾一次。

6. 將焦糖醬裝入消毒好的玻璃罐中。

7. 轉緊瓶蓋後立即倒置瓶身放涼。約可保存 3 週，開罐後需放置於冰箱。

耶誕風味肉桂麵包捲

　　加進了肉桂粉與各樣香料和堅果的營養麵團，揉進濃濃的發酵奶油，是寒冷冬天補充熱能的超級麵包。我一直覺得冷冷空氣裡瀰漫著肉桂香氣是非常美妙的事，如果沒有冬天，肉桂就少了魅力。濃厚香氣讓人感覺身體心靈都溫暖了起來，再冷也不怕。

　　Tony 老師的肉桂捲是 2F 甜點屋的人氣麵包，也是不列在菜單上，只能預約訂購的祕密商品。每次走進店裡，聞到香噴噴的肉桂香氣，就知道老師正在趕製特別訂單。

　　肉桂捲的製作雖然不困難，真材實料卻非常傷本，大量使用的堅果、奶油和肉桂粉，如果要選擇好的材料成本非常可觀，也因為這樣，在外頭想買到好材料的肉桂捲實在不易，一不小心就會被人造奶油和和香料傷了身體。Tony 老師應粒子要求的不藏私配方，以簡單步驟教學，就連小朋友也能輕鬆學會！

材料

高筋麵粉……300g

低筋麵粉……300g

酵母粉……10g

紅糖……50g

海鹽……10g

蛋 2 粒＋冰牛奶＋冰塊總重 380g

發酵奶油……50g

核桃……80g

肉桂糖粉 ┌ 紅糖……150g
　　　　├ 肉桂粉……15g
　　　　└ 可可粉……6g

作法

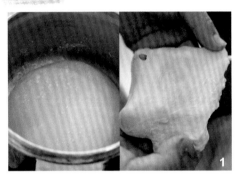

1. 所有的乾性材料全部放在鋼盆內，酵母可避開糖與鹽，放置在另一側。

加入水分攪拌均勻後，接著加入奶油繼攪拌至麵團拉扯時出現薄膜。

將攪拌好的麵團（溫度約 24 至 25℃）整理成圓形，蓋上濕布後進行第一次發酵，約 30 至 45 分鐘。

接著將麵團翻面，繼續發酵 15 分鐘。

2. 將肉桂糖粉的材料攪拌均勻備用。

3. 核桃秤好分量，預先烤香備用。儘量讓小朋友練習看磅秤，會更有參與感。

4. 將麵團等分成 2 塊。每塊麵團擀成約 25×40cm。

5. 將室溫奶油攪拌鬆軟，由麵團的下端往上 ⅔ 刷上室溫奶油，記得保留 ⅓ 處不刷奶油，否則捲好的麵團容易散開。

6. 均勻撒上約 75g 的肉桂糖粉。

7. 均勻又豪邁地鋪上烤得香噴噴的核桃。

8. 將步驟 7 的麵團捲起，約 25cm 長的長條蛋糕捲狀。

9. 將長條狀的麵團捲，以 3cm 間隔，切成一段段，約可均分成 8 個麵包捲。

10. 將麵包捲最外側的麵團尾端拉長，包覆住麵團捲其中一面的切口斷面。

11. 切口朝上，放入紙模內。將紙模內的麵包捲表面稍微壓扁。進行最後發酵約 35 至 45 分鐘。

12. 發酵完成後，表面噴上水，均勻撒上核桃粒。

13. 放入預熱上火 200℃／下火 170℃ 的烤箱烘焙約 15 分鐘（烤約 10 分鐘需調轉烤盤續烤 5 分鐘）。烤箱溫度要依照家中烤箱狀況調整。出爐後放置烤架上冷卻。

拍肉桂麵包的時候小孩已經要上小學了！這本書從開拍到完成將近有 3 年的時間。從小班到大班，由只能玩遊戲到慢慢的可以自己完成製作點心的大半步驟，即使過程混亂，吵吵鬧鬧，但回憶起來竟然甜美得很，值得珍惜。和小孩作點心不可能完美，經常失敗、過程尤其不受控制，但我常常想不起來當時點心的滋味，卻格外清楚記得吵吵鬧鬧滿手奶油滿臉麵粉的畫面。

充滿回憶的鈕釦餅乾

　　我著迷於各色各樣色彩斑爛的可愛鈕釦，第一次看見老師手作的釦子餅乾簡直就被迷惑了心。雖然作法有點麻煩，雙色冷凍麵團的操作也比一般麵團來得複雜，但製作過程利用奶油花嘴創造各樣可愛的釦子形狀實在好玩得不得了，簡直不能自拔。

　　隨著奶油香味演繹著店裡經過的每一段畫面：第一次甜點屋上課時老師準備的隨堂點心，當時的第一任貓店長嗚咪盡責巡守，在上課時間走來逛去。然後是某天烘焙課帶回漂亮的玻璃罐裡滿滿的釦子餅乾，小孩看見時瞬間炸開的滿足笑臉，這些珍貴的記憶，我都好好的保存在心裡。

變化款鈕釦

利用不同形狀壓模就能作出不一樣的釦子，這裡是以星形花嘴作壓模，就成了星星鈕釦，小小孩看到就笑開了！

材料

白麵團
- 奶油……75g
- 糖粉……60g
- 鹽……1g
- 全蛋液……40g
- 低筋麵粉……175g
- 無鋁泡打粉……0.5g

巧克力麵團
- 奶油……75g
- 糖粉……75g
- 鹽……1g
- 全蛋液……59g
- 低筋麵粉……150g
- 可可粉……25g
- 無鋁泡打粉……1g

作法

一.白麵團的部分

1. 室溫發酵奶油，糖粉與鹽攪拌至發白（約 3 至 5 分鐘）。

2. 全蛋液分 3 至 5 次加入步驟 1 內，每一次都需攪拌均勻後才可再加入蛋液。

3. 低筋麵粉與泡打粉過篩後加入步驟 2，拌勻至無粉粒狀，裝袋後，冷藏一晚備用（至少 4 小時）。

二.巧克力麵團部分

1. 室溫發酵奶油、糖粉與鹽攪拌至發白（約 3 至 5 分鐘）。

2. 全蛋液分 3 至 5 次加入步驟 1 內，每次攪拌均勻後才可再加蛋液。

3. 低筋麵粉、泡打粉與可可粉過篩後，加入步驟 2 拌勻至無粉粒狀態。裝入袋內，冷藏一晚備用（至少 4 小時）。

三.成型

1. 取出冷藏後的白色麵團，以手掌稍作回溫後滾成圓柱形。

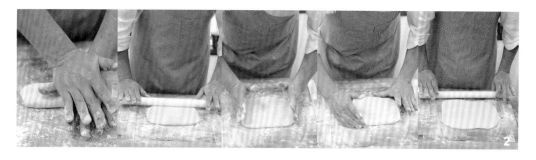

2. 將柱形壓扁，兩側放上厚約 0.3cm 的量尺，將麵團擀成方形。一邊以擀麵棍延展開，一邊以手掌稍作整形。

3. 圓形模型沾上些高筋麵粉，壓出一個個圓形備用。

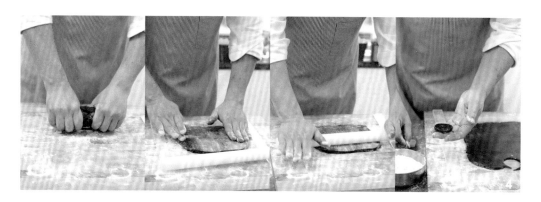

4. 冷藏後的巧克力麵團先以雙手回溫、壓平，參照步驟 1、2 擀成厚度約 0.3cm 的長方形，再以模型壓出圓形。

5. 利用圓形擠花嘴，沾上高筋麵粉（手粉）後，在原有的圓形麵餅上，壓出小圓形。

6. 將同色圓餅中間的小圓片取出，換成不同色的圓片，作出雙色造型。

7. 放好圓片後，鋪上保鮮膜，以手指輕輕按壓，讓兩片圓形仔細貼合。

8. 以吸管作出鈕釦的釦洞。

9. 剩下的麵團就讓小孩自己玩耍吧！

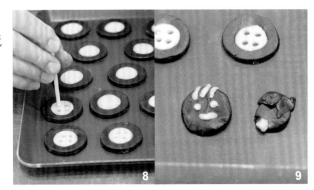

10. 烤箱預熱上火 180℃／下火 190℃。烘焙時以上下火 170℃烤約 15 分鐘，出爐後至於鐵盤上冷却後放進密封罐保存。（烤箱溫度需視家中烤箱狀況調整。）

蜂蜜薑餅人

　　小時候我常幻想自己可以住在用蜂蜜和肉桂作成，屋頂塗滿了漂亮糖霜的薑餅屋子裡。每次到了耶誕節前，麵包店裡就會有各樣造型的薑餅人，還有妝點得繽紛漂亮的薑餅屋。因為媽媽總說都是色素不讓我買，於是我就每天去看，在玻璃窗外頭看著薑餅屋，就可以感受濃濃的耶誕氣氛。好像就連不會下雪的台北，也有可能飄下潔白的雪花，堆疊成屋簷上又厚又濃的雪白糖霜。

　　自家製作的薑餅人餅乾，添加了蜂蜜，濃濃的肉桂香氣驅散了歲末寒冬的冷意。糖霜就只用了白雪的原色，沒有任何色素和多餘的添加，是真材實料、滿滿祝福的耶誕餅乾，最適合送給家人和好友。

材料

薑餅材料
- 海藻糖……40g
- 蜂蜜……180g
- 砂糖……110g
- 水……30g
- 全蛋液……60g
- 無鋁泡打粉……7g
- 高筋麵粉……400g
- 薑餅香料（肉桂、丁香、豆蔻、薑粉）……10g
- 刷表面用蛋液一些

糖霜材料
- 糖粉……200g
- 蛋白……1 個
- 檸檬汁……適量（約材料的 ¼）

準備工作

- 烤箱預熱上火 170℃／下火 150℃（烤箱溫度需視家中情況調整）。
- 高筋麵粉、泡打粉、香料混合過篩。

作法

1. 容器內放入過篩的海藻糖及粉類。
2. 在步驟 1 內加入蜂蜜、水和全蛋液，迅速以手混合攪拌均勻成團，以塑膠袋包覆醒麵至少 30 分鐘。

3. 將麵團以擀麵棒延展至所需之厚度，約 0.3cm。

4 . 模型先沾點高筋麵粉以防沾黏。

5 . 找出藏在家裡
所有的可愛餅
乾模型，讓小朋
友盡情玩耍！

6 . 壓模取型後，取適當間
距放置烤盤上。

7 . 以毛刷輕輕刷掉表面多餘的麵粉。

8 . 表面均勻刷上蛋液。

9 . 以上火 170℃／下火 150℃
烘焙 10 分鐘後調轉烤盤方
向，再烤數分鐘至表面金黃。

10 . 出爐後置於鐵盤中冷却。

11. 以糖霜作裝飾。

12. 置於室溫使糖霜乾燥。

一起畫畫吧！
好玩的糖霜畫筆。

擠糖霜小技巧

糖霜裝進擠花袋後，要一手握前端、另一手扶住後端，邊擠花邊由後往前補充，防止擠出的糖霜中斷。小朋友比較沒有力氣，糖霜不要一次裝太多太滿，小小手才比較好操控。

糖霜製作：

1. 糖粉過篩後取 ½ 量與蛋白及檸檬汁於容器攪拌至完全均勻。

2. 將剩餘的糖粉慢慢加入步驟 1，一邊攪拌至材料完全融合。

3. 裝入擠花袋。

Tony 老師的
甜點教室

揉揉麵，作披薩

番茄披薩

松露披薩

今天要吃披薩！聽到這句話，小朋友大概都會開心的大叫吧！約好朋友來家裡玩，一起作披薩，拍出彈性十足的手工麵團，抹上喜歡的醬料，接著排擺上豐富營養的餡料，在等待烘烤的時間裡，分享最近學校裡有趣的事情，共度一場溫馨熱鬧的午晚餐時光。

閒聊的時候，我常問小孩：「你記得和某某好朋友那一次一起作的事情嗎？」即使時間過了很久很久，小孩的記憶就像是以活動和遊戲作為標籤索引，只要提起關鍵字，就可以輕鬆地提取出當時好玩的經歷，再久也不會忘記。

甜蜜蜜的蘋果披薩

材料

基本麵團
- 高筋麵粉……180g
- 海鹽……3.6g
- 砂糖……10g
- 義大利香料……1.5g
- 乾酵母粉……3g
- 橄欖油……10g
- 冰開水……100 至 110g

難得好朋友一起來玩，特別準備了甜的、鹹的有趣變化共三種口味，主食加上甜點，學會製作一種麵團，就可以輕鬆完成喔！

番茄口味使用進口番茄醬罐頭半罐。
松露披薩使用杏鮑菇、乳酪絲、松露醬適量。
蘋果披薩則須準備蘋果一顆及肉桂糖粉。
也可以發揮創意玩出不同口味的披薩。

基本麵團

松露披薩材料

蘋果披薩材料

作法

1. 將所有的乾性材料放置在鋼盆內，加水及油，以雙手或攪拌機充分攪拌，使麵團表面呈光滑狀態。

2. 麵團完成之後，在鋼盆內均勻撒些高筋麵粉，將麵團放入容器裡，覆蓋上保鮮膜或蓋子，以室溫發酵45至60分鐘，約是原來麵團的兩倍大。

3. 分割成喜歡的大小。將麵團滾圓靜置10至15分鐘。

4. 將麵團以手掌壓平。

5. 將蘋果切薄片，鋪放在麵團上，接著均勻撒上肉桂糖粉。

6. 番茄口味刷上番茄醬。喜歡華麗風味的也可以切上德國香腸片。（依個人喜好）

7. 松露披薩在麵團上均勻抹上松露醬、撒上乳酪絲。

8. 將完成的披薩放入上下火預熱 250℃ 的烤箱，於下層位置烘烤 7 分鐘，然後放置於上層烘烤約 3 分鐘。

9. 熱呼呼的披薩出爐囉！享用前可以趁熱再撒上一些風味香料鹽。

一起長大的好朋友，雖然因為讀了不同學校很難得見面。但孩子的友誼總是這樣，不見面也不會忘記。難得一起作點心，又可以在記憶寶盒裡放進一張有味道的回憶卡片。

拼布作 小朋友的工作圍裙

作法與版型提供：布提格老師　尺寸：120cm

材料

用布量……長 60cm× 寬 110cm

腰帶用布……寬 5cm×45cm 兩條

袖圍用斜布條……寬 2.5cm× 長 30cm 兩條

貼邊布……寬 5cm× 長 22cm 一條

肩帶布……寬 5cm× 長 50cm 一條

口袋用布……寬 17cm× 長 15cm 一條

作法

1. 先將圍裙本體的布料裁剪完成。

2. 口袋布及前上襟貼邊部分完成備用。

3. 口袋製作：袋口縫份 3cm 先摺好，布邊再內摺 0.5cm，整燙後表面壓線固定。兩側與下方都內摺 1cm 燙好，將口袋表面直接壓線，固定於本體。

4. 縫製肩帶與腰帶：將肩帶 5cm 寬居中對摺，兩側分別再內摺 0.5cm 後整燙好，對摺後表面壓線固定，完成備用。（腰帶與肩帶作法相同）

5. 前上襟貼布完成固定：在肩線位置放上縫好的肩帶。將貼邊布對好本體肩線貼邊，縫份 1cm 處車縫一道，先不翻面。貼邊布的另一側 0.5cm 縫份內摺後燙好備用。

6. 壓袖圈斜布條：注意斜布條止點、不須放到最頂端。縫份 0.7cm 處沿袖口車縫後翻面，縫份內摺，然後和前襟一起翻好、整燙後表面壓線固定。

7. 兩側脇邊與下襬：分別將縫份 2cm 往內包摺兩次後，腰帶放好脇邊所在位置，將脇邊和下襬一起，表面壓線固定後完成。

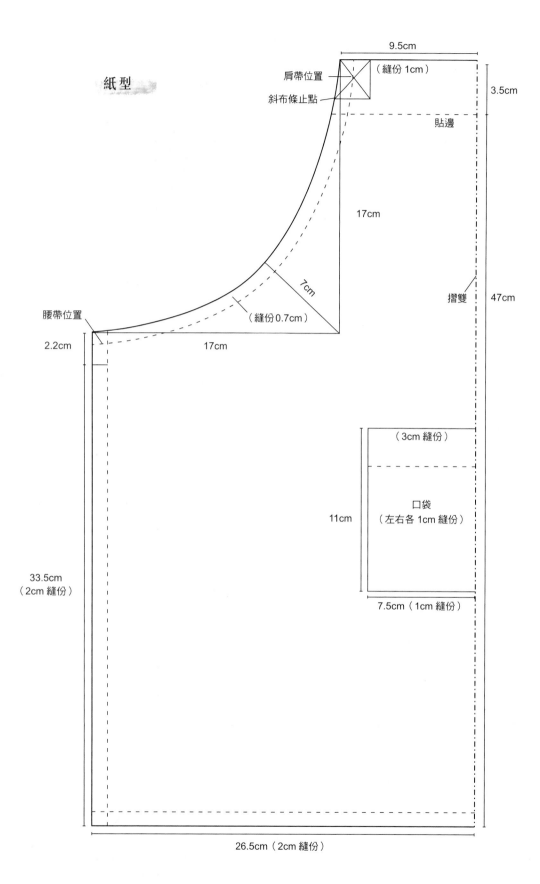

紙型

9.5cm

（縫份 1cm）

3.5cm

肩帶位置

斜布條止點

貼邊

17cm

7cm

摺雙

47cm

（縫份 0.7cm）

腰帶位置

2.2cm

17cm

（3cm 縫份）

口袋
（左右各 1cm 縫份）

11cm

33.5cm
（2cm 縫份）

7.5cm（1cm 縫份）

26.5cm（2cm 縫份）

Tony 老師的
甜點教室

胡蘿蔔蛋糕

　　第一次吃到胡蘿蔔蛋糕是在一間可愛的咖啡店。當時店主人烤了滿滿一大烤盤的蜂蜜胡蘿蔔蛋糕，很熱情地請我吃了一大塊。老實說我其實不喜歡胡蘿蔔，也一丁點都不能想像胡蘿蔔作成蛋糕能有多美味，但是當時頂著大雨忙了一下午的採訪工作又累又餓。走進店裡，人情溫暖、我就著紅茶咬了一大口熱呼呼的蛋糕，口裡化開的清新滋味真的讓我記憶到今天。原來胡蘿蔔作成甜點竟然可以這麼美味！

　　後來幾經人事變遷，那間店早已尋不到，不知道多久沒有嚐到這樣家常口味的蛋糕，一直到跟 tony 老師提起來，終於可以自己實作這款營養豐富，教人想念的甜蜜滋味。獨家配方以紅糯米磨粉取代粉類，口感軟濡滑順，紅糯米可以使用研磨機研磨或找附近米店代磨。如果材料不便取得可以用市售的米穀粉代替，也別有滋味。

材料

A
- 低筋麵粉……140g
- 紅糯米粉……140g
- 無鋁泡打粉……6g
- 肉桂粉……2g
- 五香粉……1.5g
- 香草莢粉……1.5g

B
- 杏仁粉……100g
- 海藻糖……80g
- 紅糖……150g
- 海鹽……3g
- 烘焙烤香的杏仁角……60g

C
- 全蛋……3 粒
- 葡萄籽油……140g

D
- 胡蘿蔔絲……500g
- 葡萄籽油……20g
- 水……30g

準備工作

1. 6 吋圓型固定模 2 個，每個約 750g（模型周圍須預先抹油，底部墊上烘焙紙）
2. 烤箱預熱上火 200℃／下火 200℃。
3. 胡蘿蔔刨絲，以 20g 葡萄籽油炒香，加入 30g 水炒熟後，冷却備用。
4. 先以研磨機將紅糯米磨成粉狀。研磨兩次，顆粒會比較細緻。小孩們此時從笑嘻嘻變成苦瓜臉，磨完了預定的分量，力氣剛剛好用完。

作法

1. 將材料 A 過篩後，加入材料 B 混合均勻。
2. 將蛋放另一個盆內打散後，加入葡萄籽油混合均勻。

3. 將蛋油液倒入步驟 1 的粉類材料中。

4. 以攪拌器攪拌均勻至無粉粒狀態。

5. 將冷却的胡蘿蔔絲加入步驟 4，以橡皮刮刀攪拌均勻。

6. 將麵糊平均倒入模型內，表面以橡皮刮刀抹平。

7. 放進預熱的烤箱，以上火 180℃／下火 170℃ 烘烤約 25 至 30 分，接著調轉烤盤，以上火 180℃／下火 150℃續烤約 20 至 30 分鐘（若表面已上色需調降上火溫度）。

8. 出爐 10 分鐘後脫模，蛋糕置於烤盤架降溫。打發鮮奶油，趁微溫熱時享用最是美味。

粒子的點心遊戲

粒子のデザートゲーム

粒子のデザートゲーム

粒子的點心遊戲

小朋友作麵包

小朋友自己創作的微笑麵包，內外都吃得到滿滿的巧克力。

材料

A
- 高筋麵粉……300g
- 糖……30g
- 酵母……5g

B - 雞蛋……1 顆約 60g

（可準備 2 顆，多出的分量表面塗抹備用）

C - 冰牛奶……140 至 155g

（麵粉隨季節狀況略有差異，預留 15g 作為水分調節用，

麵團太濕可以不加）

D - 奶油……50g 切小塊

E - 巧克力、手工果醬、蜂蜜丁或者任何自己喜歡的材料

作法

先將麵團打好（參考 P.90 什麼都賣麵包店）。分割成喜歡的大小，
然後讓麵團休息一下。接著讓小朋友們將麵團擀捲成喜歡的形狀，
最簡單的圓形可以直接用雙手壓平、稍微延展，包進喜歡的餡料，
底部像捏包子一樣收口，然後朝下放在烤盤裡發酵。當然也可以延
展成長型，然後抹上果醬捲起，也很可愛。表面刷點水、裝飾喜歡
的圖案，然後撒上麵粉或者刷上蛋液，都有不同效果喔！

這一天，趁著姊姊們放暑假的下午，選在夏天麵團最容易發酵的季
節來家裡一起作麵包。
當然，原本我設想的規則，幾乎沒有一個被好好遵守。
製作麵包時最重要的──〝請讓麵團好好休息〞這件事，在孩子們
的手下，根本不可行。
揉麵、擀捲、造型，所有應該溫柔進行的過程通通無法控制。

光是造型，就足以讓孩子們把麵團當成黏土，每一個都不能放過。
連最後發酵階段，還是忍不住拿來東戳西玩。

當時 1 歲半的她對於〝拍打〞這件事情非常有興趣。
她喜歡幫每個人拍打麵團。
對了！還有戳洞。以及隨時吃掉香甜的蜂蜜丁。

姊姊們一開始還很細心地，依照我的說明慢慢的擀捲麵團。
不過這情況只持續了一小段時間，
接下來姐姐們就忍不住持續玩耍著太過誘人的白胖麵團。

不過，孩子們的笑臉真的很迷人，我自己製作麵包時，
常常想起那天下午的那幾張小小笑臉。

還好這時候麵團已經長大了足足 2 倍，讓我大大鬆了一口氣 ....。
麵團們的生命力真的比我想像中堅強。

姊姊們幫已經造型好的麵團撒上麵粉。撒麵粉的時候很小心，
然後就送進烤箱烘烤。

巧克力笑臉是小朋友自己以巧克力豆排列出來的，
有蜂蜜丁的則是添加了柑橘果醬、裡面包了苜草蜂蜜丁。
有巧克力豆笑臉的則是內餡暗藏飽滿巧克力。
另外還有作成三角形與牛角形狀的。冷卻之後包裝起來，姐姐們很
高興的當成禮物帶回家。（圖 1 至 2）

小樂心也玩得很開心，有好好的把麵團捏成小圓球，一路等到麵包
進烤箱烘烤，才肯去午睡。當然，起床時候的點心，就是剛才作好，
還有點溫度的新鮮麵包囉！（圖 3 至 5）

粒子的點心遊戲

超濃起司番茄鹹蛋糕

　　我很著迷鹹味蛋糕的獨特風味，烘烤得有點溫度，嚐起來既有品味點心的愉悅，也有開胃菜般提起食慾的力量。如果讓我選擇野餐最想攜帶的食物，一定會毫不猶豫的以鹹蛋糕取代三明治，配上現場燒水沖泡的熱紅茶，就著微風享用美好的午茶時光。雖然製作鹹蛋糕的店家很少，每一次遇見，我總會興沖沖的帶一些回家，幾經試作以橄欖油替代了融化奶油，搭配有機食材小番茄乾，拌入濃郁的起司，也能隨著季節更換不同蔬菜，或將起司更換自己喜歡的風味，超簡單作法就能創作濃郁鮮明的好滋味。

　　這個作法小孩幾乎可以全程自己完成，請一定要試作看看。以披薩用起司製作，雖然起司融解後蛋糕氣孔較大，但比起起司粉製作的蛋糕更為濃郁噴香。

材料

雞蛋……2 粒　　　　　海鹽……3g
牛奶……50g　　　　　糖……15g
橄欖油……65g　　　　有機番茄乾一些
低筋麵粉……100g　　（如果使用油漬番茄乾需注意鹽的份量。）
無鋁泡打粉……3g
Mozzarella cheese……40g

作法

1. 準備鋼盆，將雞蛋放入打散。

2. 加入橄欖油，攪拌均勻。
3. 將低筋麵粉與無鋁泡打粉過篩，
　 加入鋼盆。

4. 加入海鹽與糖。
5. 將粉類與液體攪拌均勻。這裡如果攪
　 拌過度口感會較粗糙，但因加入許多
　 Mozzarella cheese，即使小朋友過度攪拌
　 蛋糕仍能保持基本美味。

6. 拌入 Mozzarella cheese。
7. 將步驟 6 倒入模型。

8. 裝飾上番茄乾,放入預熱 180℃的烤箱(因用橄欖油,溫度儘量控制在 190℃以內較理想),烘烤 25 分鐘左右(烤至表面稍微凝固時以刀片劃開,成品裂紋較美)。

9. 出爐後趁蛋糕溫熱,以棕毛刷輕輕刷上一層香橙酒。

點心與繪本

《かばんうりのガラゴ》作者:島田由佳。每回看了她的故事我都有想作點心的衝動,故事裡小主角的行李箱裡竟然裝進整套的茶壺和茶杯,打開小皮箱什麼都有,真是讓人羨慕。如果可以帶上鹹蛋糕去野餐一定更好,就連不習慣甜食的朋友都能滿足。

粒子的點心遊戲

噴香肉桂香蕉蛋糕

　　我不是特別喜歡香蕉軟爛的口感。如果一定要選擇的話，芭蕉的微酸爽脆比較合我心意。但要作成香蕉蛋糕，帶點生的香蕉是絕對不行的，愈是軟熟越好，甚至要等到表皮熟至透黑才好，這時候作成香蕉蛋糕，加點肉桂香料一起烘烤，簡直無法形容，甜膩噴香，口感綿滑，入口陶醉，幾乎沒有人可以抵抗。香蕉蛋糕可以使用磅蛋糕的方式操作，但也可以使用鬆餅粉，加入雞蛋液、奶油液，拌入麵粉香蕉泥的簡單作法，小孩也可以自己完成。

材料

雞蛋……3 粒打散
融化奶油……65g
優酪乳……70g
糖……50g
蜂蜜……30g
香蕉……一條
日本鬆餅粉……200g

作法

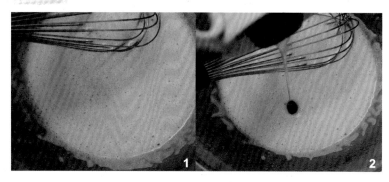

1. 蛋液加糖打散，再加入融化奶油打勻。
2. 倒進蜂蜜拌勻。

3. 加入無糖優酪乳與香蕉泥攪拌均勻。
4. 鬆餅粉過篩後，分兩次加入，拌勻成濃稠麵糊。

5. 加入肉桂粉。　　　　6. 將麵糊裝入長條模型。

7. 鐵盤加入熱水,放入預熱好的烤箱,以上下火 175℃ 烤 20
　　分鐘,再以 160℃ 烘烤約 10 分鐘。烤至 10 分鐘時,將已
　　結成膜的蛋糕表面切開一刀,成品裂紋較美。

8. 出爐後儘快脫模放涼。

每一次拍點心過程時,想要清場,讓畫面乾淨
一點,總是不能如願。一會兒是胖達跑來佔沙
發,一下又是威比貓跑來桌邊聞香。就算把他
們趕到邊角一點,過沒多久又會蹭回來,然後
彷彿沒事一樣繼續裝睡,明明都不是平時睡慣
的位置,就是想來湊湊熱鬧而已。(笑)

粒子的點心遊戲

古利古拉
黃金雞蛋糕

點心與繪本

《古利古拉繪本故事系列》
我幾乎蒐集了日文版的故事全集，即使日文不太流利，我也好好的查找、弄懂故事大意。目前台灣翻譯的中文版好像只有一本，真心希望古利古拉的小小世界可以快一些讓台灣的小讀者看見。

作者：
中川李枝子與大村百合子
中文書：
信誼出版社
日文書：福音館書店

與小孩一起生活之前，繪本是我心煩氣悶時暫時遠離傷心的一處桃花源。那兒的動物會說話、花兒會微笑，任何事情只要努力都能有快樂的結果。其實比起故意包裝進各種教育意義的繪本，我更喜歡自由自在、單純傳達愛和勇氣的故事。

古利古拉的繪本系列一直是我心所嚮往的童話森林，樸拙的畫風可愛親切，兩隻小老鼠的神奇小創意，好玩新發現，或者手牽手野餐去，一起前往森林探險…，一年四季裡發生的各樣可愛小故事，讓人好著迷。

古利古拉的黃金雞蛋糕

森林裡撿到好大一個雞蛋，該怎麼辦呢？搬不回家？乾脆就地取材作成香噴噴的雞蛋糕，和森林裡聞香而來的動物好朋友們一起分享。

因為是故事裡的雞蛋糕，我希望可以用最簡單的材料及作法完成，即使不夠細緻美觀，卻是最真材實料，是小朋友想像中以雞蛋牛奶製作的蛋糕。其實除了在家中廚房，將材料準備好，牛奶以保久乳代替，即使戶外露營時也可以製作。如果這樣的話，就真的成為森林裡的美味雞蛋糕了！

材料

雞蛋……一個　　　　無鋁泡打粉……3.5g

融化奶油……40g　　糖……35g

牛奶……100g　　　 蜂蜜……20g

低筋麵粉……110g　 鹽……1.5g

作法

1. 雞蛋打散，加入糖、蜂蜜混合均勻。
2. 加入融化奶油、牛奶攪拌均勻。

喵！
今天受到邀請的
森林朋友是貓咪威比。

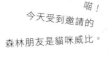

3. 將麵粉過篩之後，慢慢加入混合均勻。
4. 倒入預熱好並刷上奶油的鐵鍋。
5. 放入預熱 180℃的烤箱烘烤 20 分鐘，再以 160℃烘烤約 5 分鐘。
   香噴噴的黃金雞蛋糕請趁熱享用。

桑葚優格麵包

　　偶然從朋友那兒得到新鮮桑葚，剛好可以嘗試製作桑葚麵包。我是個奇怪的人，酸味於我真是一種口舌的折磨。不過一旦作成料理或者烘焙點心，我又可以吃得十分歡騰。於是桑葚這類直接品嚐在我絕對難以忍受的果物，我卻興致勃勃的想要將它揉進麵包裡。比起甜膩的麵包，添加了桑葚、優格的自然酸甜更添風味。優格一直是我覺得擅於中和食材酸味，將之提昇美味境界的一款厲害角色，這一次的優格桑葚麵包，奶香酸甜，皮脆心軟，就連討厭酸味的人也會一不小心就喜歡上。

材料

新鮮桑葚……一把約 40g 洗淨切碎　牛奶……150g

高筋麵粉……250g　　　　　　　優酪乳……50g

全麥麵粉……130 至 140g　　　　蜂蜜……40g

糖……40g　　　　　　　　　　　奶油……30g

鹽……2g　　　　　　　　　　　有機玫瑰花醬……30g

酵母粉……3.5g

作法

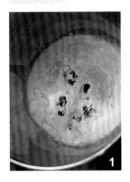

1. 將所有粉類：麵粉、糖、鹽、酵母粉放入鋼盆裡。

2. 倒入牛奶、優酪乳，蜂蜜與玫瑰醬等液態材料。

3. 全部材料攪拌成團狀。

4. 加入常溫切塊的奶油繼續攪拌，直到麵團有筋度，拉扯時可以出現薄膜的程度。

5. 這時加入切碎的桑葚攪拌均勻。

6. 放入抹油的鋼盆。讓麵團休息 40 至 50 分鐘。

7. 發酵完成的麵團約呈 2 倍大，以手指抹油插進麵團，洞口不會回縮。

8. 將麵團均分成四個等分。雙手拇指食指圍成三角形，輕輕圈住麵團，邊滾動邊排除多餘氣體。

9. 薄薄撒上一層麵粉，以小刀切割出喜歡的形狀。

10. 待麵團休息約 30 分鐘，最後發酵完成約 2 倍大，放入預熱 180℃的烤箱烘烤約 20 至 25 分鐘。

11. 烤至金黃色，拍擊麵包底部，發出空心物品響聲，就完成了！

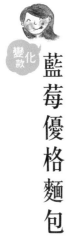

變化款 藍莓優格麵包

　　將桑甚替換成藍莓，也能作出酸甜滋味麵包。藍莓口味以優格取代優酪乳，烘焙完成的麵包也很可口，酌量增加牛奶，抹上creamcheese 非常美味。

點心與繪本

《烏鴉麵包店》 作者：加古里子／巨河文化出版
可愛烏鴉開了什麼樣的麵包店呢？各種口味好玩形狀的麵包，看了就好想試作看看！小孩看了這部作品就一直嚷著要作自己的麵包。「這麼好吃，一定會大受歡迎喔！」她很有自信地說。「好吧！以小烏鴉的口味來說應該是沒問題吧！」我忍不住想。

粒子的點心遊戲

巧克力布朗尼

　　我一直喜歡偏向紮實口感的蛋糕，比起戚風，磅蛋糕和布朗尼經常是我配搭紅茶的心頭好。曾經聽說布朗尼是一次操作失敗的意外收穫，不夠細膩蓬鬆的巧克力蛋糕，卻有了讓人驚喜的好滋味。

　　即使外頭的布朗尼作法和口味越來越花俏，加了蛋白霜增添鬆軟感的、添了果乾想要華麗點的，比起這些，我還是最習慣口感厚實、作起來簡單不囉嗦的超基礎版本。

　　這裡使用無糖優酪乳來製作，濃郁巧克力帶有淡淡乳酸香氣，我自己很喜歡。不習慣的也可以使用鮮奶油製作，滋味更濃厚。夏天冰過以後可以嚐到仿若生巧克力般的實在滋味，冬天回烤之後外脆心軟，寒冷季節讓人感到踏實安心的溫暖。

材料

A
- 高筋麵粉……90g
- 低筋麵粉……90g
- 可可粉……30g
- 無鋁泡打粉……3g

B
- 雞蛋……3 粒
- 無糖優酪乳……120g

（也可以使用動物鮮奶油替代，
分量斟酌稍減）

C – 糖……100g

D
- 奶油……90g
- 可可塊……45g

E – 堅果與純可可豆許多。
堅果以 120℃低溫烤香備用。

作法

1. 雞蛋打散，加入優酪乳與糖攪拌均勻。

2. 材料 D 先隔水加熱融化，或者以弱微波
融化，加入步驟 1 拌勻。

3. 加入過篩的粉
類壓拌至無粉
粒狀態。

4. 拌入已經烤香的堅果。
5. 將麵糊裝入正方形烤模，稍微
敲打一下避免氣泡。

6. 最後再鋪上一層完整的堅果。
7. 放進預熱好的烤箱，以上下火 175℃烘烤約 20 分鐘，160℃ 10
至 15 分鐘。

這天小孩在學校跌了一跤，臉都劃破了！
回家路上，我說晚上要作布朗尼，她說這
樣拍照會醜醜的，於是特別找出自己作的
雪人娃娃一起拍照，試圖遮掩一下。比起
以前吃得滿嘴巧克力醬的豪邁模樣，原來
小女孩已經長大到愛漂亮的年紀了啊！我
忍不住感嘆了一下。

粒子的點心遊牌

巧克力玉米脆片

今天你是巧克力口味的喔！

親愛的小孩，

　　小時候我對某品牌的巧克力玉米酥片非常著迷。特別喜歡把整片餅乾捏碎了來吃、又香又脆，即使到了現在，間隔個一段時間我都會忍不住想念起來，到了超市總要拿上一盒放進購物車裡。其實單吃玉米片我完全提不起一點興致，但只要變身成巧克力玉米片，兩位超級好朋友就像是抵達了另外一種飛昇的境界，A＋B大於C，在甜點上果然也能領悟哲理啊！

　　在冬天作巧克力點心其實很過癮，通常一邊兒隔水加熱的時候大家都會忍不住嚐一嚐熱呼呼的熔岩可可漿，有時候根本等不到放涼成型，就已經整整少了一大半。配方中的玉米片也可以換成烤香的花生、松子或者核桃粒，是增添熱量、抵抗嚴寒的好東西。

材料

A - 苦甜巧克力……250g　　C - 無鹽奶油……20g

B - 無糖玉米片……一大把　　D - 橙酒……少許

作法

1. 材料 A + C 隔水加熱，一邊攪拌至巧克力糊呈現可口的光滑狀態。
2. 趁溫熱拌入材料 D 橙酒。

3. 加入玉米脆片攪拌均勻。這裡使用的是無糖玉米片，也可以使用堅果或者燕麥果仁來替換。

4. 在烤盤上鋪上烘焙紙、以湯匙將巧克力玉米糊一杓一杓的在烘焙紙上擺放均勻。

5. 表面再鋪上一層烘焙紙，以手掌將巧克力玉米糊壓平。

6. 等溫度下降，巧克力片成型不會黏手的程度之後，就可以從烤盤紙上輕鬆取下。

7. 放進玻璃罐子好好保存個 7 至 10 天。天氣熱的時候注意軟化情況，儘快享用。

粒子的點心遊戲

什麼都賣麵包店

　　受到《要什麼有什麼麵包店》這部可愛繪本的影響，小孩一直很希望自己也可以跟狐狸麵包師傅一樣，開一間超厲害的麵包店。貓臉麵包、熊麵包、巴士麵包、蘑菇麵包，應有盡有、什麼都賣。

　　試作了幾次，最後完全以牛奶取代水分，添加了雞蛋和發酵奶油，是一款厚實的奶油風味麵包。為了讓小朋友下課之後可以親手揉麵團，預先打好麵團、放進冰箱，使用冷藏發酵法，減低了酵母份量，口感自然沒有酸氣，是以時間換取的美味。

　　烘烤時小孩很興奮的在旁邊大叫，麵包長大了！鼻子變得好長喔！然後信心滿滿的說：「這麼有創意，生意一定會很好喔！」。

　　「那我要買一個貓咪的麵包。」我說。

　　「不行喔，看起來好好吃，我每個都想吃耶！」孩子回答。

　　這樣真的生意會很好嗎？我忍不住好奇。

材料

A ─ 高筋麵粉……300g
　　糖……30g
　　酵母……5g

B ─ 雞蛋……一顆約 60g
　　（可準備 2 顆，多出的分量表面塗抹備用）

C ─ 冰牛奶……140 至 155g
　　（麵粉隨季節狀況略有差異，預留 15g 作為水分調節用，麵團太濕可以不加）

D ─ 奶油……50g 切小塊

E ─ 表面裝飾用：蛋液、海苔粉、黑橄欖、草莓醬、巧克力豆等自己喜歡的材料。

作法

1. 材料 A 與 B 放入攪拌機用的鋼盆。

2. 倒入牛奶，攪拌至麵團呈現團狀。

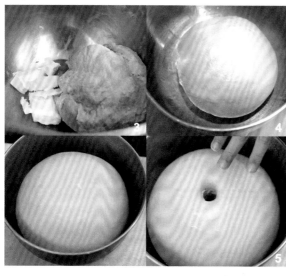

3. 成團之後加入切小塊的冰奶油，以攪拌機攪打至麵團表面光滑，略出筋性。這次的麵團不一定要打出薄膜，反而會有鬆軟綿密的口感。

4. 鋼盆內抹一層橄欖油，將麵團滾圓、收口朝下，放入鋼盆，蓋上保鮮膜後放進冰箱冷藏發酵 6 至 8 小時。

5. 發酵好的麵團飽滿有麵香，以手指抹油戳洞，洞口不會回縮。

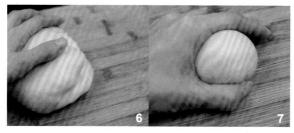

6. 將麵團取出，以手掌溫度稍作揉捏回軟，然後摺疊幾次排出多餘氣體。

7. 分割成想要的大小，這裡大約分成 5 分。接著以拇指食指輕壓住麵團，朝自己方向邊擠壓邊滾圓。麵團收口朝下，蓋上濕布或保鮮膜休息 20 分鐘。

製作想要的形狀

蘑菇麵包

將麵團壓平，作出三角形傘蕈與長方形傘柄，表面抹上蛋液，最後放上黑橄欖圈圈。

魚麵包

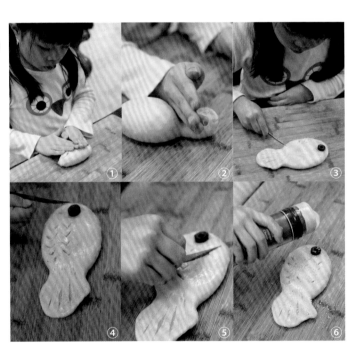

將麵團滾圓、壓平，左右兩端往中央摺入後，再將兩端對摺成橄欖形。收口捏緊、稍微滾圓塑成立體，接著從橄欖形 ⅔ 處以手掌滾動壓細腰身，然後將魚形麵團壓平，以刀片剪刀割出魚鱗與尾巴線條，裝飾眼睛，然後刷上蛋液、最後撒上起司粉。

製作想要的形狀

汽車？青蛙！麵包

小孩原本想作小汽車，沒想到反著看也意外的很像青蛙啊！先作出車子形狀，接著作輪胎，然後切出形狀，刷上蛋液、撒上海苔粉。

貓臉麵包

圓形麵團壓扁，然後裝飾三角形的耳朵，以刀片切出形狀，抹上蛋液。白色貓咪撒上米粉或者椰子粉，黑貓撒上黑芝麻粉或者海苔粉，可以作出各色各樣的生動貓咪。

大鼻子先生麵包

這是烘烤效果最有意思的一個造型。準備一大一小兩個圓形麵團。大圓形刷上蛋液放上小圓形當鼻子，然後裝飾表情，抹上海苔粉當頭髮。烘烤時鼻子膨得好圓好大，小孩忍不住說，大鼻子先生一定說謊了喔！不然鼻子怎麼變得那麼長。

9. 將造型好的麵團放在鋪有烘焙紙的烤盤上。室溫發酵約30分鐘。

10. 待麵團發酵飽滿，約2倍大小。放進預熱180℃的烤箱，以175℃烘焙約15分鐘，視表面上色情況，再以160℃烘焙7至10分鐘。烤溫需視自家烤箱調整。

點心與繪本

《飛天貓魚》
貓咪吞進一條魚，竟然變身飛天貓魚？！書裡設計了好些立體的驚喜，上天下海、一起跟著貓魚來趟刺激冒險的飛天旅行。
（作者：渡邊有一／青林國際出版社）

《要什麼有什麼麵包店》
不管誰來店裡，聰明的狐狸麵包師傅都能作出讓顧客滿意的麵包。適合派對的扭呀扭蛇三明治，灑上豐富蔬菜讓沒胃口的地鼠先生胃口大開的畫框披薩，連來偷東西的狸貓也被鬼臉麵包嚇了一大跳，麵包店裡果然什麼都有啊。
（作者：Goma／大穎出版社）

一口米鬆餅

　　小孩和我都是標準的鬆餅迷，每回到了電影院，只要看見一口鬆餅都會忍不住想要買一包嚐嚐。這陣子 Tony 老師點心課以米粉製作了好些美味點心，於是我也忍不住買回家試一試。以 1:1 的麵粉與米粉比例製作的小鬆餅，口感比起純麵粉更為鬆軟，放涼之後也不會太硬。喜歡香氣的可以在麵糊裡添點萊姆酒，或者以楓糖漿替換蜂蜜，烘烤之後香氣芬芳，也十分美味。

　　剛好幼稚園母親節活動需要提供一家一道小點心，於是整個下午我倆都在趕工製作小鬆餅，邊作邊吃，實在很難湊齊足夠的分量。包裝的時候滿滿一大包，小孩忍不住得意，我們是鬆餅專門店喔！活動當天，小孩大力推薦。「很好吃喔！」她說。然後自己趕快夾起兩個，啃得津津有味，像是要證明什麼似的。

材料

低筋麵粉……100g　　雞蛋……2 粒

米穀粉……100g　　蜂蜜……30g

無鋁泡打粉……4g　　奶油……90g（融化放涼備用）

糖……70g　　萊姆酒……15g

海鹽……2g

作法

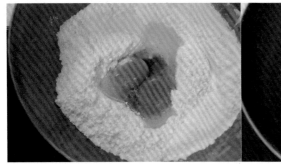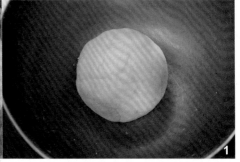

1. 將粉類、鹽、糖攪拌均勻，材料中央挖個洞，倒入蛋液與奶油液，將所有材料輕壓成團狀。

2. 以磅秤分出每個約 12g 的分量。

3. 將麵團揉成小圓球。

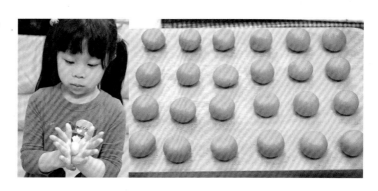

4. 在預熱好的鬆餅機上刷上奶油，將圓形麵團如圖放好位置。

5. 將火力轉小，烘烤至鬆餅兩面呈現金黃色澤。

6. 祕訣就是要耐心等候。

7. 放在容器裡完全冷卻。

8. 放入密封袋，可於冰箱保存兩日。因為含有雞蛋，還是要儘早食用。

（米鬆餅以當天享用最美味，隔天需以烤箱稍微回烤，可以回復鬆軟口感。）

粒子的點心遊戲

比利時鬆餅

　　前篇提過，因為小孩和我都非常喜歡鬆餅，不論是鬆鬆軟軟的 pancake 也好，香脆外皮又能咬到粗白糖顆粒的烈日鬆餅也很有滋味。就連到了國外，不小心繞過鬆餅鋪子，都會忍不住買兩塊熱呼呼的鬆餅，邊走邊享用。

　　這股熱情一直持續到有天小孩在住家附近發現一間新開的鬆餅屋，我們兩人興致勃勃的買回家，一口咬下這發酵過頭的比利時鬆餅，滿口奇怪的酸味、甜味，再加上潮濕的肉桂粉也無法遮掩的一股子奇怪氣味，我與小孩對看一眼，當下就決定自己來試試。「再怎麼失敗也不可能難吃過它吧！」我忍不住想。

　　自己製作比利時鬆餅雖然不比外頭營業用鬆餅機烤出來的厚度紮實，但勝在原料實在，雞蛋、麵粉、蜂蜜、粗糖、發酵奶油，現作現烤，多作一些隔天回烤，也一樣有好滋味。

材料

低筋麵粉……400g　　發酵奶油……150g

酵母……4g　　　　海鹽……4g

蛋……2 粒　　　　粗白糖……80g

蜂蜜……30g　　　（也可以用黑糖磨碎替代，成為黑糖口味）

鮮奶……170g　　　香橙酒……10g

作法

1. 先把粉類材料混合均勻，接著將雞蛋打散，加入牛奶、蜂蜜、萊姆酒混合均勻。再加入冷卻的融化奶油以橡皮刮刀由下往上攪拌，拌入粗白糖，完成麵團。（如要添加巧克力豆或蘭姆葡萄，也可在最後步驟拌入。）

2. 完成的麵團蓋上保鮮膜或濕布，放置於室溫發酵 30 分鐘，或是冷藏發酵 2 小時左右再使用。

3. 預熱好的鬆餅機以棕毛刷輕抹上一層奶油。

4. 可以用大木匙或冰淇淋杓，取適量的麵團，放上鬆餅機，蓋上蓋子，以中溫烘烤。

如果是可以旋轉的機型，蓋上蓋子之後立即翻面，約3分鐘再翻轉開蓋，檢查顏色，調低溫度後繼續烤至兩面金黃。

注意慢慢照顧火候是很要緊的，外皮金黃香酥是美味的祕訣。

5. 完成的鬆餅如不立即食用，放涼之後，放置冷凍可以密封袋保存2週左右，回烤之後依舊美味。

每隔一段時間，我們都會作一些鬆餅，也許自己享用、也許招待朋友，有時候也和來家裡玩的小朋友一起動手作，是熱鬧又好玩的點心時光。

粒子的點心遊戲

森林小派對：
添加果醬的馬芬蛋糕

藍莓果醬
杯子蛋糕

孩子和我都非常喜歡日本作家：島田由佳的繪本。在日本受到孩子們歡迎的包姆凱羅系列在台灣只翻譯了四本就再也沒有下文了！我一直暗自揣測是因為這故事不太有教育意義的關係。包姆和凱羅這兩位可愛的好朋友，每天發揮冒險精神四處探險：冬天在結冰的池塘裡撿到愛看星星的鴨子；假日到古物市集逛街尋寶還買到可愛的鬆餅模型；搭乘自己作的小飛機穿越海蛇蝙蝠洞前往爺爺的家，在家裏油炸甜甜圈能用來作為蟲蟲老鼠的誘餌然後趁機到閣樓裡拿到想看的書，稀奇古怪的創意讓人大呼過癮！

包姆凱羅系列繪本：
作者：繪島田由佳
森 << バムとケロのもりのこや >> （文溪堂出版）
台灣共出版四本：Hsiao Chun Publishing

玫瑰果醬蛋糕

　　仔細想想包姆及凱羅簡直就是我與小孩日常生活的寫照。包姆每天負責收拾凱羅四處搗亂的悲慘局面，無奈又好笑的心情讓我在如陀螺一般、追著小頑皮到處跑的忙碌生活裡，忍不住會心一笑。雖然生活總是又忙又亂讓人煩惱，但只要花點心思，小小日子的奇幻冒險都能隨時發現驚奇！

　　提高牛奶的分量，配方中的奶油幾乎減半，比起傳統糖油拌合、高油量的磅蛋糕要清爽許多。再添加手工熬煮的果醬，讓小小蛋糕充滿了季節的香氣。配方裡的牛奶也可以改成無糖優酪乳，搭配果醬酸香更明顯，對於乳糖不耐的小孩也適宜。

材料

無鹽奶油……110g　　　　鹽……2g

低筋麵粉……180g　　　　無鋁泡打粉……6g

牛奶或無糖優酪乳……100g　　手工果醬……20g（表面另計）

細砂糖……100g　　　　香橙酒……5g

蛋……2 粒打散

作法

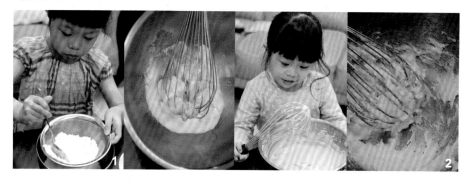

1. 麵粉與泡打粉過篩，雞蛋打散備用。
2. 將室溫放軟的奶油與細砂糖混合，攪拌至奶油泛白。

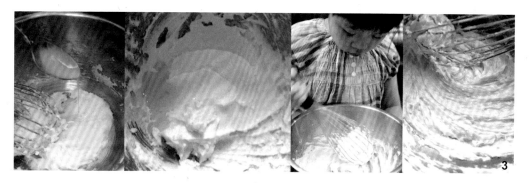

3. 以湯匙一點一點慢慢加入雞蛋液，攪拌均勻後才可再加入，以攪拌器攪打至均勻。

4. 倒入一半的粉類，以刮刀按壓拌勻。

5. 慢慢加入牛奶或無糖優酪乳，攪拌均勻。

6. 加入喜愛的手工果醬，這裡使用了藍莓果醬、水蜜桃果醬，以及玫瑰果醬，快速切拌均勻。手工果醬的作法可參照 tony 老師甜點教室──P.44 綜合莓果醬。

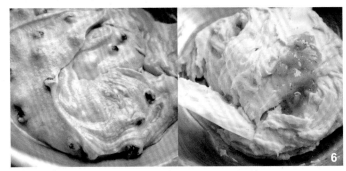

7. 裝進烘焙用紙杯，約至 8 至 9 分滿。9 分滿烘焙後較飽滿可愛。

8. 烤約 10 分鐘至表面出現薄膜，以刀片切開十字，繼續烘烤，裂紋較明顯。出爐後在表面裝飾上果醬，再烤 3 分鐘至果醬收乾即可。

9. 出爐後，趁熱在表面刷上一層水蜜桃酒或香橙酒，香氣逼人的森林派對蛋糕即完成。

粒子的點心遊戲

蜜漬柑橘杯子蛋糕

　　果醬的口味中，我最喜愛橘子果醬了！尤其喜歡連橘皮都一起加入熬煮的蜜漬柑橘醬。用來泡紅茶也好，作麵包和蛋糕也能美味得讓人心醉神迷。

　　使用鬆餅粉製作點心，簡化了許多麻煩的步驟，但仍需要稍微調整糖份比例，隨著品牌不同成品口感會有很大的區別。有些品牌的鬆餅成品較酥脆、有些則是太鹹或者小蘇打粉的苦味太重，都不太適合製作蛋糕類點心，我自己實驗過幾種品牌，比較習慣的是日本日清鬆餅粉。

　　這個季節，好友芬妮貓剛好熬煮了蜜漬橘皮，以鬆餅粉與橄欖油製作的超簡單杯子蛋糕，少了糖油拌合的步驟，小朋友可以從頭到尾自己完成，好朋友的生日派對，就讓小孩自己動手製作點心作為伴手禮吧！

材料

A – 鬆餅粉……200g

B – 融化奶油或橄欖油……50g

　　（若不喜歡橄欖油味，可以葡萄籽油替換。）

C – 雞蛋……4 粒

D – 白砂糖……40g

E – 牛奶……80g

F – 自然結果手工蜜漬橘醬……30g

G – 橙酒……少許

7cm 杯型紙模……約 14 個

準備工作

鋼盆熱身體操

這段時間心心在作點心前都會來一段舞蹈，算是暖身運動吧！（笑）

作法

1. 烤箱預熱 170℃，秤好材料的分量。
2. 將鬆餅粉過篩。

3. 材料 C 雞蛋與材料 D 砂糖打勻，加入液態油拌勻。
4. 加入過篩的鬆餅粉，以打蛋器攪拌均勻。

5. 接著加入牛奶與柑橘皮果醬拌勻。
6. 以大湯匙裝入紙模約 8 分滿。
7. 放入烤箱，以 170℃烤 15 分鐘，接著調轉烤盤方向，以 160℃續烤 15 分鐘。探針刺入無麵糊沾黏即完成。
8. 取出，趁熱刷上橙酒，放涼。

粒子的點心遊戲

自家風味麵疙瘩

　　我對麵疙瘩總有股莫名其妙的熱烈感情。每次到了麵食小館，看到這道小吃食就會讓我沒來由的心頭一熱，立即為新館子加分不少。即使在外頭極少嚐到合心意的麵疙瘩，我仍然著了迷似的只要瞧見就要點上一回。仔細回想，可能這是我不擅廚藝的母親少數幾道拿得出手的好吃食物，也可能這是當時小小的我可以幫得上忙，讓煩躁的媽媽在廚房也能露出笑容的難得回憶。

　　今天要作麵疙瘩喔！聽到這句話，我就會立刻跑進廚房拿出鋼盆，熟練地加水和麵糊，然後拿著湯匙一杓一杓放進湯裡，看著疙瘩慢慢成型。現在，旁邊換了女兒，我常常會有股恍惚，以為那身影是小小的自己。

　　麵疙瘩的作法其實很多，小時候家裏的麵糊調得非常稀薄，煮好的疙瘩十分軟糊。我自己喜歡的是彈性佳口感好的配方，所以習慣以高筋麵粉製作，也有朋友家裡以低筋麵粉和太白粉摻半使用，再拌入番茄泥，蒸好的馬鈴薯泥或南瓜泥，成為營養豐富的風味麵食。

材料

馬鈴薯番茄蔬菜湯

馬鈴薯……4 顆
胡蘿蔔……半只（切滾刀塊）
番茄……切塊
高麗菜……半顆（撕成片狀）
香菇……一些（燉湯底）
海鹽……適量
胡椒……適量

（也可以隨季節增減加入自己喜歡的蔬菜，冬天以白菜入湯更是別有滋味。加點海鹽與胡椒調味。也可加入洋蔥和義式香料，作成鄉村蔬菜湯。記得在製作麵疙瘩之前就先開始燉湯，等到麵團醒好，剛好可以下疙瘩。）

麵疙瘩

高筋麵粉……150g
低筋麵粉……100g
在來米粉……50g
溫水……140g（可預留 20g 左右，視麵團情況添加）
雞蛋……1 顆
海鹽……2.5g（也可加香料鹽作成鄉村蔬菜湯）
葡萄籽油……20g

作法

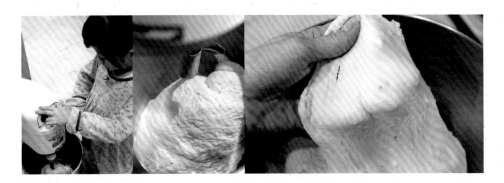

1. 將粉類材料加入溫水和雞蛋，鹽，將麵團以攪拌機揉捏成團後，加入葡萄籽油，揉至麵團表面光滑。如果以手揉捏，揉至三光狀態，也就是麵團光滑、鋼盆、雙手都乾淨，喜歡有勁道的口感可揉至出筋。

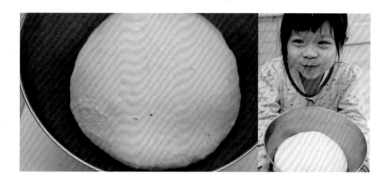

2. 揉好的麵團收口朝下，蓋上濕布醒麵 30 至 40 分鐘。

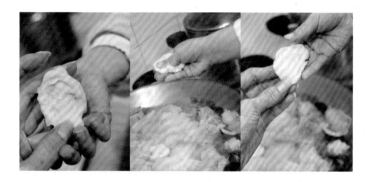

3. 麵團取出，拉扯出片狀，或先將取出的麵團整成長條，以食指和拇指慢慢拉扯出圓片狀。又或者先揉成小圓球，以拇指和食指壓扁，又會有點像麵食貓耳朵的作法了！

4. 將麵疙瘩加進已經燉煮好的湯底裡，煮至麵疙瘩漂浮出水面，就算完成了！

5. 如果還有剩下的麵團，記得煮開一鍋水，將麵疙瘩煮好，趁熱加點油拌勻，防止沾黏。冷卻後約可冷凍存放 3 日左右。

粒子的點心遊戲

貓咪巴士吉利號 & 動物麵包

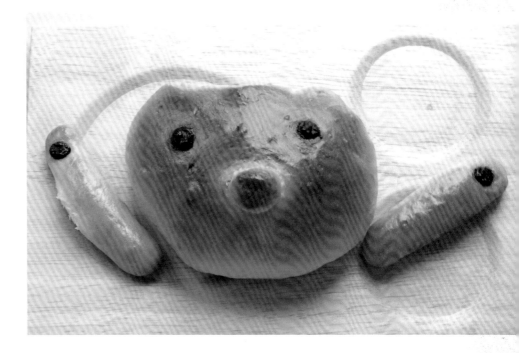

　　和動物相處最愉快了！因為他們不會在乎我們的衣著、外表，只看我們的真心。反而在人類的小小世界裡，一切就顯得複雜許多。而真正的朋友不就在於，不管有沒有錢，從事什麼樣的職業，只要有一顆願意付出，真誠、質樸而又溫暖的心，就可以好好結交、擁有深刻的友誼。支撐著我們度過快樂的、悲傷的，需要陪伴的各種時候。

　　寫這個小故事的時候，小小孩剛好準備上幼稚園，希望妳可真心付出、交到好朋友。是我想告訴她，也希望自己放在心底、永遠不要忘記的事情。

材料

高筋麵粉……300g　　無鹽奶油……40g

冰牛奶……70g　　　蛋……1 粒

酵母粉……5g　　　　耐烤巧克力豆子……少許

鹽……4g　　　　　　（也可以用葡萄乾或紅豆代替）

糖……40g

作法

1. 將高筋麵粉過篩、加入糖、鹽混和均勻。

2. 將鋼盆中的粉類中間挖個凹洞，打入雞蛋，將與牛奶混和均勻的酵母粉倒入盆裡，全部材料混和均勻。

3. 加入奶油後，慢慢甩打至麵團以雙手拉開時可以出現薄膜的擴展階段。

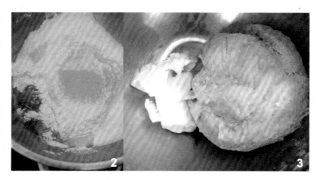

作麵包真的是很開心的事。

沒有比漸漸變得胖呼呼的麵團更可愛的東西了！

可愛的動物造型麵包真的很有魅力，只要在麵包店裡看見可愛的動物麵包，都會忍不住想要買來吃吃看。胖胖的身體軟呼呼的、手腳則是香香脆脆的，好玩又好吃。

4. 將麵團整理成圓形,收口朝下,放入抹了油的鋼盆、蓋上保鮮膜進行基礎發酵。約40至60分鐘麵團至2倍大,且以手指中間戳洞時,洞口不會回縮的程度。

5. 取出發酵好的麵團,平均分割麵團至喜歡的大小(約60至70g),另外須切割一些小圓形作為鼻子備用。

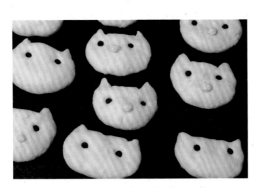

6. 讓切割好的麵團休息15分鐘。

7. 以擀麵棍擀出動物的橢圓臉形,以刀子切出耳朵,黏好鼻子之後,進行第二次的發酵。這時候可以發揮想像,也可以作出不同的動物。如果是圓形麵團作成一大一小堆疊起來,將下層圓形麵團以刀子切出腳來、分別拉開,再黏上眼睛,就是螃蟹啦!

8. 最後發酵完成,約至兩倍大的麵團,表面刷上薄薄的蛋汁,以筷子戳洞,然後塞入製作眼睛的材料。

9. 烤箱先預熱約170℃,以160℃烘烤15至20分鐘,表面著色之後需視情況調降烤溫10至15℃(視家裡烤箱溫度稍作調整),拍打底部出現砰砰砰的空心聲響就完成了!

可愛動物造型很有趣,發酵好的麵團就跟新鮮的黏土一樣,很適合跟小孩子一起玩。圓圓的胖臉、大大的鼻子,再用巧克力豆作成無辜的眼睛,可愛的動物就完成囉!

寫在上學前的小故事：
貓咪巴士吉利號

吉利號是一輛專門載送小貓咪上課的貓咪巴士。
每天一大早，就由司機吉利先生負責駕駛，
從鮮魚市場經過公園，繞行社區一圈，
接送等著上課的小貓咪們前往快樂貓咪幼稚園。

吉利號的路線是這樣的：
從貓咪巴士總站出發
沿途經過：
小黑貓吉吉的家、
旁邊是吉吉的好朋友花貓美莉的家，
接著繞過熱鬧的鮮魚市場，
然後抵達魚販黑白貓山姆太太的家。
在這裡可以一次接到山姆太太的兩個寶貝：
頑皮的黑寶與胖達。

最後則是繞過小山丘，
到山丘上的虎太太家接虎虎和斑斑，
然後載著大家到學校上課。

第一站是小黑貓吉吉的家，
噗噗！吉利號慢慢的停好車，
吉吉和媽媽已經站在門口等了！

「吉吉早安阿！」吉利叔叔説。
「吉利叔叔早安！」
吉吉一邊説一邊上車，

一邊很開心的找好自己平常坐的位子。

「準備好了嗎？」吉利叔叔問。
「好囉！」吉吉大聲的回答。

噗～噗～噗～吉利號出發！

離開吉吉的家，吉利號繞過一個小小的花園，
來到花貓美莉的家。

小花貓美莉有一點害怕去上學，
每一天吉利巴士
都會聽著她喵喵至嗚嗚至哭泣的聲音。
今天也跟平常一樣，
小美莉上車前淚汪汪地看著媽媽，
抽抽噎噎的哭泣。

「美莉今天也很棒喔！可以自己去學校呢！」
吉利叔叔説。
「美莉，等一下我們一起進教室，
下課的時候我們一起去玩沙好不好？」
黑貓吉吉在旁邊説。
美莉點點頭，不再哭泣了！

司機吉利叔叔説：「坐好囉，往下一站前進！」

噗～噗～噗～！
吉利巴士開到了熱鬧的鮮魚市場。

一大早，鮮魚市場就已經非常熱鬧。
山姆太太每天都很認真的賣魚，
才可以讓黑寶和胖達去學校上學。
這時候，黑白貓山姆太太正熟練的抓著魚，
幫客人清洗乾淨。

頑皮的黑寶與胖達在一旁跑來跑去。
因為要待在市場的關係，
黑寶和胖達總是穿著雨鞋，
因為雨鞋可以用力的踩水，
可以幫媽媽去水池裡面抓魚，
也不怕把雙腳弄得濕答答。

吉利號在市場旁邊停好，打開車門，
吉利先生大叫一聲：「黑寶、胖達要上課囉！」

黑寶、胖達很快的上車，
朝著窗外揮手：「媽媽，我們去上課啦！」

「要乖乖的喔！」

山姆太太拿著魚，一邊忙著招手。
上車之後，美莉忍不住問：「今天沒有下雨，
為什麼黑寶跟胖達還是穿著雨鞋呢？」

黑寶看看自己腳上濕答答的雨鞋…
胖達也看看自己腳上髒兮兮的雨鞋…
再看看美莉腳上乾淨漂亮的白色皮鞋…
覺得有一點不好意思。

「我覺得雨鞋很棒喔！
像是穿了靴子的超人一樣，很厲害的樣子。」
小黑貓吉吉說。
「是阿，我也很喜歡穿雨鞋喔。
下雨天、工作的時候都好方便。」
吉利先生也說。
「那下次我也要跟大家一起穿雨鞋。美莉說道。
「那我們就可以一起到魚池抓魚囉！」
胖達和黑寶都很開心。

「大家坐好囉！吉利號要出發囉！」
噗～噗～噗～！

「接下來是上坡，大家握好扶手。」

吉利先生説。
繞過小山丘，
春天的小山丘開滿了漂亮的花朵。
吉利號經過了紅色的花、藍色的花，
最後繞過一棵很大的櫻花樹，
來到虎太太的家。
虎太太的家有很大的院子，
常常約大家來院子裡面野餐。

停好車，吉利先生到虎太太家按門鈴。
虎太太開了門，
虎虎和斑斑正在吃早飯，
看到吉利先生就趕緊拿好書包，
跑到門口。
「不要著急，慢慢走喔！別忘了這個。」
虎太太忙著拿一個很大的便當給虎虎。

虎虎和斑斑上了車，在位子上坐好。
「今天媽媽準備了鮪魚壽司給大家吃喔！
中午我們一起吃。」虎虎説。
「這是跟山姆媽媽買的鮪魚喔！」
斑斑搶著説。

「我媽媽賣的鮪魚最好吃了！」
胖達和黑寶抬起小腦袋，
很驕傲的向大家介紹。
「我最喜歡鮪魚壽司了！」
吉吉舔舔嘴巴，好想現在就吃。
「我也是。」美莉小聲的回答。
吉利先生笑著説：「也不要忘記我喲！」

吉利號朝著快樂幼稚園前進，
一轉眼就到了！
瑪莉老師已經在教室門口等著大家。
「到學校了喔！大家慢慢下車。」
吉利先生一邊叮嚀一邊幫大家打開車門。
小貓咪們一個接著一個，
背起書包走進教室，準備上課。

早安！
今天，貓咪巴士吉利號也和平常一樣，
噗～噗～噗～！很有精神的出發了！

抹茶白巧克力麵包

我和小孩十分熱愛各種抹茶點心，而且都喜歡甜味不明顯，保留了抹茶甘苦氣息的原本滋味。苦澀裡緩緩透出的芬芳，就像生活裡各種甜味，總是經過了掙扎挫折才能慢慢的體會。雖然抹茶和巧克力十分搭配，但加了黑色巧克力，抹茶的綠意總好像被粗魯的破壞了美麗。這一次的抹茶麵包，一樣減了糖，以蜂蜜豐富滋味，加上自己喜愛的白克力增添口感，顏色、滋味都清爽。

《大猩猩的麵包店》
文：白井三香子、圖：渡邊秋夫／小魯文化
孩子和我一起蒐集了許多點心故事書。大猩猩的麵包店因為老闆看起來凶凶的，生意不太好。因為只要客人看到大猩猩白森森的牙齒，就都嚇得跑走了！還好，日久總能窺見人心，慢慢的大家都發現大猩猩有一顆溫柔的心，好吃的麵包被喜歡，生意也慢慢變好了，山坡上的麵包店每天都很熱鬧。心心看到這裡總會說大猩猩好可憐，他只是長得凶，可是作的麵包很好吃喔！

這篇故事很棒，透過看得到的外在，試著去認識人的內心。即使外表不美麗，看起來很凶，卻可能擁有可愛的個性和一顆努力的心。

「所以我們不要只看別人的樣子，也要看他有沒有用心作事情啊！」我說。
「好吧，雖然妳剛才作麵包有罵我，可是抹茶麵包還不錯啦！你就跟大猩猩一樣。」小孩回答。

材料

A
 ┌ 牛奶……250g
 │ 蜂蜜……40g
 │ 酵母……4g
 │ 高筋麵粉……380g
 │ 抹茶粉……15g
 │ 鹽……2g
 └ 糖……50g

B – 奶油……60g

C – 白巧克力……一塊切碎

作法

1. 麵粉過篩，將材料 A 全部放入攪拌機，先以低速攪拌成團。

2. 麵團攪拌均勻之後，加入奶油攪拌，以中速攪打直到麵團呈現光滑，並可以拉出扯出薄膜的程度。

3. 麵團攪打出筋性之後，再拌入切碎的白巧克力碎片，揉至均勻。

4. 麵團塑成圓形，收口處朝向下方，放進抹了油的鋼盆休息發酵約 40 至 60 分鐘。

5. 直到麵團變成原來的兩倍左右大小，以沾油後的手指插入，洞口不會回彈，就完成第一次的發酵。

6. 將麵團分割成 6 等分，逐個滾圓，排出空氣。滾圓的方式我慣常用拇指、食指圈住麵團、接著以手掌內側按壓麵團四周，朝自己的方向邊轉圓圈邊移動。隨著滾圓揉壓的動作就可以均勻排除空氣。

7. 排列整齊、均勻撒上麵粉，然後割出喜歡的開口圖案。

8. 等麵團發酵至約 2 倍大小，在開口處放上大塊的白巧克力。

9. 進入預熱 175℃ 的烤箱烘烤，約 35 至 40 分鐘，輕拍麵包底部有砰砰砰的聲音，就完成了！

連續三天，
心心都要求要吃抹茶口味麵包。
我們母女倆果然都是
抹茶的死忠粉絲。

中場休息，
每回等待麵包發酵的時間，
小孩總會拿出畫筆，
記錄她自己的點心時光。

果香風味奶茶 & 私房司康

粒子的點心遊戲

時節入秋的時候，我特別喜歡自己熬煮奶茶。

用熬煮兩字，是因為比起熱水沖泡，將紅茶煮上一會兒再加入牛奶同煮的奶茶，香氣更顯溫潤豐厚，特別適合有點涼爽的天氣，握在手裡緩慢享用。

以產地單品紅茶煮成的奶茶，是自然的茶韻，而以混合調味茶或薰香茶來熬煮奶茶，就可以說是浪漫的風味了！單品紅茶讓人愉快，充滿水果芬芳的果香奶茶，甜香溫軟、更是讓人心動不已。

提到果香風味茶，當然會想到法國 MARIAGE FRÉRES 的經典系列，這些以天然花果薰香而成的迷人滋味，就連純紅茶的愛好者都不願錯過。

馬可波羅茶、加勒比海茶、是不是光聽名字就已經有了想要冒險的感覺？其他像是季節限定的杏桃茶、蘋果茶、栗子茶，擁有特殊的調味薰香，製作成奶茶十分具有季節氣息。

另外，還有特別富含龍眼香氣，非常適合作成奶茶的正山小種，如果能得到循古法手焙製作的武夷產區正山小種，請務必要製作成奶茶來品味，沒有任何添加就能擁有豐富甜美的龍眼與蜂蜜香氣，自然甘美，讓人深深著迷。

由於茶味較清香，必須避免使用味道太濃厚的牛奶，因此保久乳和高脂肪鮮乳反而不合適。糖以白糖為主，黑糖、紅糖、二砂反而搶了風味。

搭配果香奶茶的點心我經常選擇各種口味的司康。先製作司康，趁著放進烤箱的烘烤時間，剛剛好足夠煮出一鍋熱奶茶。

 yami! # 手煮果香風味奶茶（約2壺分量）

1. 單柄鍋內倒入 300cc（約 2 茶杯）的水煮沸，加入 4.5 茶匙約 9g 茶葉（如果是大葉片的茶葉，可以增至 5 匙約 10g）。
2. 再加入 300cc 牛奶以小火續煮。

3. 邊煮邊以木匙攪拌（切勿擠壓茶葉以免單寧酸釋放出來導致苦澀），煮至奶茶呈現細小的泡泡，奶香茶香變得明顯，即可停火。最後加入 2 茶匙糖提味。

4. 以茶漉過濾，注入溫過的茶壺或茶杯。茶葉分量雖然有各種專家版本可以參考，我仍然以為自己的口味喜好更重要。

合適的煮茶鍋
煮茶最好以單柄鍋操作，其中以白鋼或琺瑯鍋更好。
尤其注意鍋子要洗淨，不能有其他菜餚餘味，
若可以，準備一只煮茶專用的鍋子，是最好的方式。

yami! 私房變化款司康

藍莓司康 ｜ 巧克力豆豆司康

特別版海苔起司司康：將低筋麵粉分量改為海苔粉 30g ＋低筋麵粉 130g，並在步驟 4 拌入起司粉 20g，就是滋味美妙的海苔司康，請務必試試。

材料

A ［ 高筋麵粉……160g
  低筋麵粉……160g
  泡打粉……6g

B ［ 室溫奶油……100g
  白砂糖……50g（藍莓口味 65g）

C － 牛奶……165 至 170g（視麵團狀況調整，有時因麵粉品牌不同有吸水差異）

D － 巧克力豆豆或藍莓……一些

表面刷液 ［ 牛奶……20 至 30g
      砂糖……10g

作法 （詳細作法請參考 tony 老師的甜點教室 P.12 招牌司康）

1. 奶油與糖以雙手混合均勻。
2. 過篩的材料 A 與步驟 1，以雙手混合揉搓至酥菠蘿狀態。

3. 加入牛奶，將麵團輕壓至團狀。

4. 加入藍莓或巧克力豆豆，將麵團疊壓均勻。

5. 工作台撒上一些高筋麵粉，將麵團以雙手壓平，約成 2cm 厚度。

6. 取模型壓出直徑約 4cm 的圓形麵團。

7. 表面刷上打散的奶糖液。

8. 放進預熱 220℃ 的烤箱，烤盤放置下層，以上火 220℃／下火 150℃ 烤約 10 至 15 分鐘，調轉烤盤方向，續烤 5 分鐘。（烤箱溫度必須參考自家狀況調整）

出爐不久，溫度還在，小孩就迫不及待舔了一口。

粒子的點心遊戲

厚實味抹茶餅乾

點心與繪本

《小不點》

作者：漢斯．費雪
中文書：小魯文化出版

漢斯．費雪的石版畫紀念繪
本，故事裡的貓咪小不點，
因為覺得自己不夠特別，
想要變成各種不同的動物：
一會兒學公雞、一會兒學
山羊，一下子又想變成會
游泳的小鴨子。還好後來
因為家人好朋友的關心，
她發現只要當自己就很幸
福快樂。可愛溫暖的故事，
少了信心的時候特別適合
拿來回味。

很想念京都的時候，我會親手作上整整一大玻璃罐子的抹茶餅乾。

奢侈地使用我手邊覓得最好的抹茶，就著烘焙時候一整室的濃茶香氣，寧靜的懷念某一次陽光明媚的午後，京都巷弄裡的尋尋覓覓。

心心 2 歲多一點，我開始跟她一起作點心，帶點兒苦味的抹茶餅乾，我們經常做成幾種口味：超濃厚抹茶、抹茶杏仁餅乾、抹茶玉米脆片，還有小孩喜歡的抹茶巧克力餅乾。即使因為特意減少了糖的分量而帶點兒抹茶的苦澀，意外的是嚐慣了原味的小孩竟然也很喜歡。

剛出爐的餅乾又香又脆，幫小孩泡好一壺蜜漬玫瑰奶茶，翻開繪本故事書，和貓咪小不點一起享用愉快的下午茶派對。

材料

A ┌ 低筋麵粉……180g
  │ 抹茶粉……20g
  └ 無鋁泡打粉……5g

B – 細砂糖……60g

C – 室溫奶油……100g

D – 雞蛋……2 個打散成蛋液

E – 杏仁角或無糖玉米脆片……一些
　　（玉米片可以先稍微壓碎備用。）

作法

1. 材料 B 和 C 攪拌均至泛白。

2. 雞蛋打散，然後一點點慢慢加入雞蛋液，完全混合均勻。

3 . 分兩次加入過篩的粉類 A，按壓攪拌均勻。拌入材料 E 的玉米片按壓成團狀。

4 . 分成約 20g 小圓球、壓扁成片狀。也可以直接滾圓成小球，作成抹茶雪球。

5 . 放入烤箱，以上火 160℃、下火 160℃，烘烤約 20 分鐘。烤溫需視家中烤箱狀況調整。

粒子的點心遊戲

檸檬優格蛋糕

我喜歡檸檬蛋糕，不論是淋上了檸檬糖霜的磅蛋糕，或是冰冰涼涼的檸檬慕斯，幻化各種姿態的檸檬蛋糕都讓我著迷。平時明明吃不得一點酸味，作為甜點我卻堅持檸檬蛋糕要越酸越好，最好一口咬下忍不住皺皺眉，然後隨著味蕾慢慢回甜起甘，酸香甘美的芬芳讓人不可自拔。

Tony 老師這款檸檬蛋糕，採用直接拌合法，成品比起磅蛋糕更是濕潤滑口一些，我倒是覺得有點類似蒸糕的口感，扎實飽滿，十分對我口味。尤其作法十分簡單，只要將材料準備好，小孩一個人就可以完成，於是當選為家裡經常操作的懶人蛋糕之一，作為餐後甜點更是滿足。

特別一提，通常帶有果香的磅蛋糕我喜歡吃帶點溫度的，配上熱茶，香氣蒸騰、滿口生香。

材料　（約可製作 16cm×7.5cm×7cm 蛋糕模 2 個）

Tony 老師原配方	粒子的常用配方
二砂糖……110g	白糖……150g
海藻糖……70g	海鹽……2g
海鹽……2g	無糖優酪乳……130g
原味優格……130g	全蛋液……160g
全蛋液……180g	新鮮檸檬皮……2 粒
新鮮檸檬皮……2 粒	新鮮檸檬汁……45g
新鮮檸檬汁……40g	（也可以將檸檬汁提換為手工檸檬果醬 40g）
低筋麵粉……100g	低筋麵粉……150g
高筋麵粉……100g	高筋麵粉……50g
無鋁泡打粉……3g	無鋁泡打粉……4g
融化的發酵奶油……90g	融化的發酵奶油……90g

作法

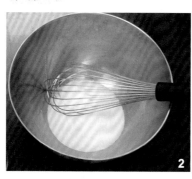

1. 準備工作：

   奶油隔水加熱融化，粉類全部過篩。烤箱以上火 220℃／下火 180℃預熱。

2. 在鋼盆中放入糖和鹽。

3. 將優格或優酪乳加入步驟 2 鋼盆，以攪拌器攪拌均勻。

4. 將檸檬皮與檸檬汁加入步驟 3，攪拌均勻。

5. 全蛋液分成幾次慢慢加入，快速拌勻。

6. 將過篩好的粉類材料加入步驟 5，快速攪拌至均勻無粉粒狀態。

7. 加入融化的發酵奶油，拌勻。

8. 將麵糊注入預先抹好油的容器。放進烤盤，並在烤盤加入一小杯熱水。

9. 放入預熱好的烤箱，以上火 180℃／下火 160℃烘烤約 20 分鐘，然後以上火 180℃／下火 150℃續烤 5 至 10 分鐘（烤箱溫度需視家中狀況調整）。取出的蛋糕以探針刺入，無沾黏麵糊即可取出，脫模後置於鐵架放涼。

10. 開動！檸檬蛋糕趁著溫熱享用特別美味。

寫在書末

有個念頭想要寫書,一直到這本書實際出版的時候,女兒剛好踏進了小學的校園。原來這麼久了啊!我忍不住想。書裡提到的繪本故事、一起製作的每一道點心,過程裡認識的小朋友們。還有利用難得休假、配合拍照的 Tony 和布提格老師,現在回想起來,每一樣都讓人覺得記憶深刻,感到溫暖和幸福。

生命這麼長的時光,可以有一段時光和一些家人、好友共度,怎麼能不讓人格外珍惜。期待這些被我們以珍惜的心意記錄下的點點滴滴:烘焙心得、繪本分享,甚或偶有感動的吉光片羽,也能讓閱讀本書的你感到溫暖,和一點生活裡前行的動力。

烘焙 良品 58

Home Baking！

麵粉有夠好玩！
甜蜜蜜の烘焙好食光

好玩・好學・好吃！
32道簡單易作＆每天都想吃的美味甜點

作　　　　者／陳信成（Tony老師）・黃翊庭（粒子）

發　行　人／詹慶和

總　編　輯／蔡麗玲

執 行 編 輯／黃璟安

編　　　　輯／蔡毓玲・劉蕙寧・陳姿伶・李佳穎

執 行 美 編／韓欣恬

美 術 編 輯／陳麗娜・周盈汝

出　版　者／良品文化館

郵政劃撥帳號／18225950

戶　　　　名／雅書堂文化事業有限公司

地　　　　址／220新北市板橋區板新路206號3樓

電 子 信 箱／elegant.books@msa.hinet.net

電　　　　話／(02)8952-4078

傳　　　　真／(02)8952-4084

2016年8月初版一刷　定價350元

總　經　銷／朝日文化事業有限公司

進退貨地址／235新北市中和市橋安街15巷1號7樓

電　　　　話／02-2249-7714

傳　　　　真／02-2249-8715

國家圖書館出版品預行編目(CIP)資料

Home Baking！麵粉有夠好玩！甜蜜蜜の烘焙好食光 好玩×好學×好吃！32道簡單易作＆每天都想吃的美味甜點 / 陳信成（Tony老師）・黃翊庭（粒子）著.
-- 初版. -- 新北市：良品文化館, 2016.08
面；　公分. --（烘焙良品；58）
ISBN 978-986-5724-78-8（平裝）

1.點心食譜

427.16　　　　　　　　　105013593